SOPHIE STRODTBECK

BEAGLE

Geschichte Haltung Erziehung Beschäftigung

MIT KOSMOS MEHR ENTDECKEN
Eine Liebeserklärung
an den bunten Hund
SEIT 1822

KOSMOS

☞ *Inhalt*

VORWORT

ICH WÜNSCHE MIR EINEN BEAGLE. ICH MUSS WAHNSINNIG SEIN.

Meine erste Bekanntschaft mit einem Beagle schloss ich als frischgebackener Neuhundbesitzer vor zwölf Jahren. Ich radelte mit Luna nichtsahnend durchs Düsseltal, als ein Beagle aus dem Gebüsch brach und uns mit wohltemperiertem Hetzlaut den Feldweg hinunterjagte. Luna explodierte vor Wut und riss mich in die Böschung. Während ich vom Fahrrad segelte, hörte ich die Beagle-Besitzerin den kryptischen Satz ausrufen: „DU MUSST KEINE ANGST HABEN, SCHATZ!" Ich weiß bis heute nicht, wen sie damit gemeint hat. Ihren Hund? Meinen Hund? Mein Fahrrad? Aber mir ist damals schlagartig klar geworden, dass ein Beagle und sein Halter etwas ganz Besonderes sind.

Folgenschwerer Besuch von Beagle Meier ...

EDDIE, THE BEAGLE

Der nächste Beagle, der in unser Leben trat, war nach einem berühmten Skispringer benannt: Eddie the Beagle. Wir machten zu der Zeit die grundlegende Erfahrung, was Hundeschule in Wirklichkeit bedeutet: Man holt sich jeden Samstag auf der Wiese einen mächtigen Einlauf ab und zahlt auch noch Geld dafür. Was haben wir gelitten! Bis Eddie the Beagle zu uns stieß. Von da an kassierte nur noch Frau Murzin die Anschisse. Wir anderen standen nicht mehr im Fokus von Krause, sondern nur noch mit unseren „Musterhunden" feixend in der Sonne.
Während wir Fuß übten, hüpfte Eddie selig am Horizont entlang, daumennagelgroß. Bei Platz auf Entfernung lagen alle – bis auf Eddie. Der rannte nach dem Kommando einfach weiter und bog nach rechts in den Wald ab. Wenn er nach einer halben Stunde zurückkam, war seine Entschuldigung immer dieselbe: „Was kann ich denn dafür? Rehwitterung, Blümchen, Schmetterling, Maulwurf zwei Meter unter der Erde, Hundehaufen, Vogel, Wurm, Schnecke, Klee, drei Wochen alte Hasenspur – plötzlich wart ihr alle nicht mehr hinter mir!"
Frau Murzin schmetterte derweil in allen Tonlagen „Eddie! Eddie!" durch den Wald. Bis unser Krause, ein überzeugter Vertreter des Nur-ein-Mal-Rufens, komplett die Nerven verlor und krakeelte: „Himmel, Arsch und Zwirn, Frau Murzin, es gibt nur eines, was noch schlimmer ist als ein Beagle! Und das ist ein Beagle-Besitzer!"

... bei Krawallmaus Luna und Wiki, den Hunden des Autors Michael Frey Dodillet.

UND DANN KAM MEIER

Jahre später haben wir Meier von Sophie Strodtbeck kennengelernt. Der war bei uns zu Gast und benahm sich vom ersten Moment an, als würde er seit Jahren die Hypothekenraten für unser Haus begleichen. Zu den Mahlzeiten saß er auf allen Stühlen, derer er habhaft werden konnte, und betrachtete uns mit einem Blick, als hätte er zuletzt zur Zeit der Punischen Kriege etwas gegessen. Ab und zu verließ er die Küche und tobte – völlig unbeeindruckt von den anwesenden, gastgebenden Hunden – durch alle Betten des Hauses. Ein halbes Jahr später tauchten in den Timelines meiner Töchter immer noch Fotos von diesen besitzergreifenden Aktionen auf. Seit sie Meier kennen, sind sie beaglesüchtig, und ich spreche mindestens einmal pro Monat die dramatischen Worte: „Nur über meine Leiche." Ein Beagle würde entgegnen: „Wenn's weiter nichts ist."
Ich freue mich jedenfalls, dass es jetzt so ein wunderbares Beagle-Buch gibt, in dem alles steht, was man über diese einzigartigen, charakterstarken, bildschönen Nervensägen wissen muss. Obwohl ich davon überzeugt bin, dass es einem gestandenen Beagle völlig egal ist, welche Ratgeber seine Menschen lesen. Er macht ja doch, was er will.

Michael Frey Dodillet
Erkrath, im Juni 2016

DÜRFEN WIR UNS VORSTELLEN? – DIE STRODTBECK-MEUTE

Damit Sie wissen, was auf Sie zukommt, wenn Sie sich – trotz der Lektüre dieses Buches – für einen Beagle entscheiden, stelle ich Ihnen zunächst meine Hunde vor. Dann können Sie danach nämlich nicht mehr behaupten, Sie hätten von nichts gewusst!

HERR MEIER

Beginnen möchte ich mit Herrn Meier, dem Prototyp eines Beagles. Gäbe es die Rasse nicht, müsste der Standard für ihn geschrieben werden. „Nur lieb“ steht ja auch nicht im Standard ... Das heißt aber nicht, dass Meier nicht auch „lieb“ in Perfektion beherrscht, es kommt immer darauf an, was für ein Ziel er gerade verfolgt. Meistens ist sein Ziel Freiheit oder Fressen, hier eine Priorität festzulegen, würde mich überfordern. Überfordert hat mich auch Meier oft, zum Beispiel, wenn er gerade neue Löcher in den Zaun machte, während ich zehn Meter weiter damit beschäftigt war, seine letzten Werke zu verschließen. Mit einem Meier kann es einem passieren, dass man ahnungslos durchs Dorf läuft, zwei Straßen weiter einen Beagle kreuzen sieht und denkt: „Ach schau an, noch ein Beagle in Oberrimbach? Der sieht ja aus wie Meier ... MEIER, SOFORT HIER HER!“

STAMMTISCHBESUCH

Seine erste Tat nach dem Umzug nach Franken war eine Sightseeing-Tour durch den Steigerwald, denn obwohl ihm die 2500 qm innerhalb des Zaunes genauso unbekannt waren, wie alles außerhalb, aktiviert alleine die Anwesenheit eines Zaunes offenbar die Gehirnzentren, die für Barrierefreiheit zuständig sind, und alles, was für kreative Problemlösungen an Botenstoffen und Motorik vorhanden ist, feuert wie wild.

Ganz Ohr? Nicht immer!

Das Leben mit einem Meier kann auch entspannend sein.

„Ich bin ein Star, holt mich hier raus!“, und wenn das niemand tut, muss der Herr eben selbst Hand bzw. Zahn an den Maschendraht anlegen. Sein erster Weg im neuen Revier führte ihn übrigens zum Stammtisch im Nachbarort, auf dem man sich als zugereister Herr mittleren Alters natürlich sofort vorstellen muss. Inzwischen kennt ihn jeder im Ort, und ich habe eine grobe Vorstellung, warum es heißt, „bekannt wie ein bunter Hund“. Meier hat, wie alle Beagle, seinen unwiderstehlichen Blick und die Runzeln auf seiner Stirn nur für eines mit auf den Weg bekommen, da bin ich mir sicher: Es ist ein evolutiver Vorteil, wenn man nicht den durchaus berechtigten Wutanfällen seiner Menschen zum Opfer fällt, sondern diese bei eben jenem Anblick trotz des vollgefressenen Beagle-Ranzens (er hat ein gehirninternes GPS zur Ortung sämtlicher Komposthaufen) oder auch trotz des betörenden Duftes von seit fünf Wochen in der Sonne verwesenden Fisches hinter seinen Schlappöhrchen Herzchen in den Augen bekommen.

Alte Liebe rostet nicht!

SOUVERÄN UND EMPATHISCH

Neben der oft anstrengenden Eigenständigkeit des Herrn gibt es eine weitere, herausragende Eigenschaft, und das ist seine absolute Souveränität: Hinfallen, Krönchen richten, weitermachen.

Wenn es mal nicht läuft, nimmt er das einfach nicht zur Kenntnis. Alleine dafür liebe ich ihn! Und denke gleichzeitig, dass er als Mensch unausstehlich wäre, denn als Mensch würde man ihm sofort eine narzisstische Persönlichkeitsstörung diagnostizieren. Aber er ist kein Mensch, sondern Beagle durch und durch. Und darum ist er, so wie er ist, genau richtig. Das würde allerdings mein bester Freund und erfahrener Inhaber einer Hundepension anders sehen, der ihn zusammen mit meinen anderen Hunden hütete, als ich für eine lebensbedrohliche Operation ins Krankenhaus musste. Während ich im OP mit ungewissem Ausgang ins Reich der Träume hinüberwechselte und sich alle Sorgen machten, wechselte Meier ins Reich der Kompost- und Misthaufen des Ortes und war damit der erste Hund in zehn Jahren, der aus diesem Hundehof ausbrach.
Danach saß er bis zu meiner Rückkehr aus dem Krankenhaus in der Hundepension im Hochsicherheitstrakt. Ohne Bewährung.

Das hört sich alles sehr negativ an? Nein, es klingt nach einer ungeschönten Beschreibung eines typischen Rassevertreters der Beagles. Dass es die Seite beagle-entlaufen.de gibt, und dass diese Seite hohe Zugriffszahlen hat, ist kein Zufall…
Aber man würde der Beschreibung Meiers nicht gerecht werden, würde man seine grenzenlose Empathie unterschlagen. Wenn man ihn braucht, ist er da, das hat er mir nach dem Tod meines Lebensgefährten bewiesen, als er keinen Zentimeter von meiner Seite wich und in mancher Nacht Schlimmeres verhinderte. Monatelang nahm er, sobald ich am Tisch saß, Uwes Platz mir gegenüber ein, saß einfach nur da und schaute mich mit einem besorgt-zuversichtlichen Blick an, der sagte: „Ich pass' auf, alles wird gut." Ich habe ihm geglaubt und er hat Recht behalten.
Inzwischen habe ich übrigens einen Beagle-ausbruchssicheren Doppelstabmattenzaun, die Kosten hierfür sollte man bei der Anschaffung eines Beagles mit einplanen…

ANDRA

Die Nächste und eigentlich die Erste im Bunde ist Andra, der ich meine ersten Beagleerfahrungen zu verdanken habe. Denn vor mittlerweile über 15 Jahren erblickte ein Wurf Beaglewelpen in einem Labor der Uni München das Licht der Welt. Als sie 3 Tage alt waren, hielt ich sie das erste Mal in meinen Händen. Der Wurf war für einen Versuch zur mutterlosen Welpenaufzucht bestimmt und sollte dann mit 16 Wochen vermittelt werden. „Ganz süß", dachte ich, „aber nicht mein Problem", denn mit der Rasse „Beagle" assoziierte ich sofort drei Eigenschaften, auf die ich nicht scharf war: Sturheit, Verfressenheit und ein nicht zu unterschätzender Jagdtrieb. Weil ein Beagle auch rein optisch überhaupt nicht mein Fall war, dachte ich: „Puh, der Kelch geht diesmal an mir vorüber und ich laufe nicht wieder Gefahr, schwach zu werden und irgendeinen armen Hund einzusammeln!" Natürlich kam alles ganz anders, denn Leben ist das, was passiert, während wir Pläne machen. Mit einem Beagle allemal …

Andra, das blühende Leben

LICHTERLOH

An Neujahr fiel in dem Pferdestall, in dem die Welpen untergebracht waren, eine Wärmelampe ins Stroh und der Stall brannte ab – und mit ihm meine Pläne, niemals eine Beaglebesitzerin zu werden. Ein Pferd und ein Welpe überlebten den Brand nicht, der Rest hatte „nur" eine Rauchvergiftung – bis auf die kleine Andra, der die Flammen ein großes Loch vom Nacken bis zum Schwanz in den Rücken brannten. Und so kam es, dass die kleine Beaglehündin im Alter von gerade mal vier Wochen ohne Geschwister und mutterseelenalleine in der Klinik saß und um ihr Leben kämpfte. Damit nahm unser gemeinsames Schicksal seinen Lauf, denn Mitleid und die Kindchenschemafalle schlugen auch bei mir zu, und so kam ich damals mit einem Beaglechen aus der Uni heim, weil ich dachte, medizinisch versorgen kann ich sie auch zu Hause. Vor allem hatte sie hier noch einen Hund, an dem sie sich orientieren konnte, und sie säße nicht in der wichtigsten Zeit im Leben eines Hundes allein in der Klinik im Käfig … Einen Plan gab es damals natürlich: Sie wird vermittelt, sobald sie alt genug dafür ist! So zog Andra damals in unsere WG in München, der Plan meiner damaligen Mitbewohner, die WG keinesfalls um einen neuen Mitbewohner zu erweitern, fiel noch schneller als meiner. „Die können wir doch nicht einfach wieder weggeben", war bereits beim ersten Aufeinandertreffen die einhellige Meinung. „Doch, das werden wir", war meine Antwort, denn ich wollte ja auf keinen Fall einen Beagle – selbstständig jagend, verfressen, extrem stur. Und noch viel mehr, wie ich inzwischen weiß. Aber Andra wickelte auch mich um ihre kleinen Speckbeine und heute, 16 Jahre später, warte ich immer noch darauf, dass jemand kommt und den Beagle nimmt.

KAMIKAZE

Damals mit Andra zu Hause angekommen, schlich sich diese Handvoll verkohltes Etwas natürlich sofort in die Herzen aller (überraschenderweise inklusive meiner eigentlich sehr wählerischen Althündin) und wickelte sie um die Pfote. Bereits am zweiten Tag gab uns die Kleine eine Kostprobe der dem Beagle nachgesagten Sturheit, weil sie einfach nicht kapieren wollte, dass am Ende des Hochbettes der Absturz

Wer kann schon diesem Blick widerstehen?

steht. Immer wieder lief sie über die Kante hinaus, segelte in die Tiefe und erhielt damit bei meinen Mitbewohnern sofort den Kosenamen „Kamikaze". Der ist ihr bis heute geblieben und sie macht ihm nach wie vor, auch mit 16 Jahren, alle Ehre!

Andra ging es zusehends besser, die Wunde auf dem Rücken wurde immer kleiner, der Appetit immer größer und der kleine Wonneproppen gedieh prächtig. Die Zeit verging – und niemand stand plötzlich vor der Tür und wollte den Beagle haben ...

SIEBEN LEBEN

Im ersten halben Jahr verlief alles überraschend unkompliziert. Da mir die Probleme mit einem Beagle bekannt waren, lief Andra draußen ausschließlich an der Schleppleine. Wir arbeiteten damals viel mit dem Klicker, und sie wurde ein richtiger Vorzeigehund. Doch dann kam, was wohl kommen musste: Ich vertraute ihr und ihrem Können zu früh, wurde leichtsinnig, weil ich dachte, Andra ist „der andere Beagle", und ließ neben der Schleppleine auch die Erziehung schleifen ... Und das Drama nahm seinen Lauf: Ein einziger Ausflug reichte, und alles bis dahin Gelernte war wie weggeblasen. Ab diesem Moment war Andras einziger Lebensinhalt, mich auszutricksen und stiften zu gehen. Das war das 1:0 gegen mich, denn reiche einem Beagle den kleinen Finger und er wird die ganze Hand samt Arm nehmen! Das wusste ich damals jedoch noch nicht, war viel zu gutgläubig und vertrauensselig und außerdem der Meinung, dass das arme Tier sich auch mal ohne Leine austoben muss. Dadurch gab ich ihr immer wieder die Möglichkeit, ihr selbstbelohnendes Verhalten zu festigen und weitere Teilsiege gegen mich zu erringen. An der Isar wurde ich schnell zur Frau „Haben-Sie-einen-Beagle-gesehen?". Aber auch Frauchen lernt dazu und so versteckte ich zeitweise einfach meine zweite Leine in der Hosentasche, sodass niemand auf die Idee kam, dass ich mit zwei Hunden unterwegs sein müsste. Außerdem lernte ich, dass ein Beagle mindestens sieben Leben haben muss. Manchmal dauerte

Andra, auch mit 16 noch ein Kamikaze-Beagle.

es ewig lange, bis Andra wieder auftauchte. Sie machte mich wahnsinnig und ich bastelte in Gedanken viele kleine „Beagle-Voodoo-Puppen". Doch dann stand sie jedes Mal unversehrt und guter Dinge mit einem voll gefressenen Bauch vor der Tür ... und meine ganze Wut war mit einem Blick in ihre wunderschönen, dunkelbraunen Beagleaugen schnell verflogen. Denn auch Andra beherrscht den „Beagleblick" in Perfektion.

ORDNUNGSLIEBE

Aber ich will meine Andra nicht nur schlecht reden, sie hat auch gute Eigenschaften: Sie ist immerhin ein sehr ordentlicher Hund. Damals musste ich starke Medikamente wegen einer Darmentzündung nehmen, und als ich eines Tages von der Uni nach Hause kam, sah ich eine komplette Packung der Tabletten zerfleddert herumliegen – eine Pille spuckte sie mir noch schuldbewusst vor die Füße. Panik machte sich breit, denn ihre „sieben Leben" hatte sie schon längst aufgebraucht! Wir fuhren sofort in die Uniklinik, wo das Beaglechen Apomorphin, das beim Hund einen Brechreiz verursacht, verabreicht bekam. Das zeigte prompt seine Wirkung, und ich dachte, ich sehe nicht recht, als das Beagletier anfing, exakt 7 Löcher in den Garten der Uniklinik zu buddeln, um sich ordnungsgemäß dort hinein zu übergeben und die Löcher dann pflichtbewusst wieder zuschaufelte! Als ich mich umdrehte, sah ich noch das gesamte Klinikpersonal grinsend am Fenster stehen. Wenn's darauf ankommt, weiß sie sich zu benehmen, und außerdem hat ein Beagle offenbar deutlich mehr als nur sieben Leben!

FREIER FALL

Mich kostete Andra in ihrem jugendlichen Leichtsinn einige Nerven und bestimmt auch ein paar Jährchen meines Lebens. So auch als ich eines abends – nicht ganz nüchtern vom Feiern – nach Hause kam (unsere WG lag im 1. Stock), und in der Wohnung nur noch einen Hund und ein offenes Fenster vorfand. Auch nachdem ich die ganze Wohnung auf den Kopf gestellt hatte, blieb Andra wie vom Erdboden verschluckt. Meine Mitbewohner halfen mir bei der Suche im strömenden Regen nachts um 03.00 Uhr, aber ohne

Erfolg. Der Beagle blieb verschwunden. Meine Panik steigerte sich, als mir eine befreundete Nachbarin erzählte, dass „irgendein Tier" vor ein paar Stunden den ganzen Häuserblock wach geschrien hätte. Erst am nächsten Morgen stellte sich heraus, dass ein anderer Nachbar Andra nach ihrer Flucht durch das Fenster aufgegriffen und ihr über Nacht Asyl gegeben hatte, ohne einen Ton zu sagen! Auch hier war das Glück wieder auf ihrer Seite, und sie kam mit einigen harmlosen Prellungen davon (Leben Nr.?). Natürlich lernt ein Hund, dass es nicht so schlau ist, aus dem 1. Stock zu springen, doch ein Beagle leider nicht! Er lernt, dass man seine Sprung- und Falltechnik perfektionieren und revolutionieren muss, um alles unbeschadet zu überstehen. Jahre später hat sie es im Allgäu fertiggebracht, über den Balkon (wieder 1. Stock) zu flüchten und sich mit ihren besten Freunden, den Hasen, Rehen und Komposthaufen, einen schönen Tag auf dem Land zu gönnen – Sommerfrische nennt man so etwas ... Der Balkon war ab diesem Tag für sie Tabu!

GEBURTSTAGSPARTY

Den Vogel abgeschossen hatte sie allerdings mit folgender Aktion: Ich war im Urlaub in Italien und hatte meine beiden Hunde einer Freundin anvertraut – mit der strikten Auflage, Andra nicht von der Schleppleine zu lassen! Andra zeigte sich eine Woche lang von ihrer besten Seite, und wiegte meine Freundin so lange in Sicherheit, bis diese die Leine schleifen ließ ... Und wieder einmal war Andra von jetzt auf gleich wie vom Erdboden verschwunden. Sofort wurde eine große Suchaktion gestartet, die Polizei informiert, Zettel aufgehängt, Leute befragt. Im Radio wurde sogar eine Suchmeldung durchgegeben ... alles ohne Erfolg. Ich saß derweil heulend in Florenz und wurde mit jeder Stunde, die verging, sicherer, künftig nur noch einen Hund zu haben, denn so lange war sie bis zu diesem Tag noch nie verschwunden. Gegen Abend rief meine Freundin noch einmal bei der Polizei an und hatte das Glück, diesmal einen Beamten an der Strippe zu haben, der endlich weitergab, dass einer Frau

Beagles sind gern gesehene Partygäste.

Die Strodtbeck-Meute: zweimal Beagle, zweimal Beagle h.c.

bereits am Morgen ein Beagle zugelaufen war. Als die Freundin dann Andra abholte, stellte sich heraus, dass sie gleich in der Früh auf dem Zooparkplatz in ein wildfremdes Auto gestiegen und mit nach Grünwald, ins Münchener Villenviertel, gefahren war. Dort hatte sie den wahrscheinlich lustigsten Tag ihres Lebens, war der Star auf einem Kindergeburtstag, bekam Geburtstagskuchen, durfte am Würstelschnappen teilnehmen (das hat sie bestimmt gewonnen!) und hieß ‚Gina'. Ich war heilfroh und dankbar, dass ich meine ‚Kamikaze-Gina' am nächsten Tag, als ich aus dem

Urlaub kam, wieder in die Arme schließen durfte! Das alles sind nur ein paar der Geschichten aus dem Leben eines Beagles. Und weil alle Geschichten, die das Beagleleben schreibt, ein ganzes Buch füllen, halten Sie jetzt dieses Buch in den Händen.

FACETTENREICH

Das klingt alles ziemlich negativ, finden Sie? Nein, das ist die ungeschönte Wahrheit und auf solche Geschichten sollte man sich einstellen, wenn man einen Beagle bei sich aufnimmt, weil „nur lieb" einem Beagle nicht gerecht würde. Und trotzdem fallen mir spontan mindestens ebenso viele positive Attribute ein wie negative. So ist ein Beagle zum Beispiel ein echter Komiker, und auch seine Halter sollten eine entsprechende Portion Humor mitbringen
Ich liebe an meinen Beagles ihre Eigenständigkeit und Souveränität, und ihre Verträglichkeit mit Artgenossen, anderen Tieren und Menschen wiegen alles um ein Vielfaches auf. Wie meine Hunde bin ich eine Optimistin und stelle die positiven Eigenschaften in den Fokus bzw. habe ich die Fähigkeit, wie meine Beagles, auch Negatives positiv zu sehen. Beharrlichkeit klingt doch auch viel besser als Sturheit, oder?!

ZWERGEN–FRAKTION

Der Vollständigkeit halber sollen an dieser Stelle auch meine zwei Zwerge erwähnt werden, weil sie zur Meute gehören und sich inzwischen den Titel „Beagle h. c." (honoris causa = der Ehre halber) erarbeitet haben. Was das Fressverhalten angeht, haben sie sich den Beagles perfekt angepasst, allerdings sind sie wesentlich standorttreuer. Piccolo, der Chihuahua-Spitz-Mix hatte jahrelang einen schweren Stand als Alien hier im Hause. Der Beaglefraktion war der Streber sehr suspekt ... Aber inzwischen hat Piccolo Verstärkung bekommen, und zwar vom Pü, einer kleinen, bezaubernden Chihuahua-Hündin, die eine mindestens ebenso große Persönlichkeit ist wie Meier.
Die Zwergenfraktion kann man als Balsam-für-die-Seele-Hunde bezeichnen, denn wer sein Leben mit zwei Beagles teilt, braucht einen Ausgleich.

VON BRITEN, LAUTEN KEHLEN UND SNOOPY

— *Die Geschichte der Beagles*

VERGANGENHEIT DES MEUTEHUNDES

Der Beagle ist ein Meutehund mit einem großartigen Charakter. Abgesehen davon, ist er in der Regel weder groß noch artig, aber das wäre ja auch langweilig.
Der kleine Laufhund wurde ursprünglich auf der Jagd nach Hasen eingesetzt, und einem Beagle klarzumachen, dass das als Familienhund nicht sein Job ist, ist eine Herausforderung.

DIE VERLORENE HERKUNFT

Seine genaue Herkunft ist jedenfalls über die Jahre verlorengegangen, was ja irgendwie zum Beagle passt. Als sicher gilt, dass die Vorfahren mit den Normannen aus Frankreich kamen, auch wenn der Beagle als britische Hunderasse gilt. Vermutet wird als Ursprung des heutigen Beagles eine Kreuzung aus dem Talbot und dem Southern Hound. Der Talbot ist ein Nachfahre des Hubertushundes, den Mönche in den Ardennen züchteten. Der Southern Hound, ein schwerfälliger, recht großer und langsamer Meutehund, vermachte dem Beagle seine Jagdleidenschaft, seine Spurtreue und sein feines Näschen. Ziel der Zucht war es, einen kleinen, aber dennoch spurtreuen und lauten Meutehund zu bekommen, der Kaninchen und Hasen ausdauernd verfolgen kann, und der auch „für den kleinen Mann“ erschwinglich sein sollte. Seine – dank der kurzen Beine und nicht vorhandenen Größe – mangelnde Geschwindigkeit machte er durch seine Beharrlichkeit auf der Spur wieder wett. Und tut das bis heute ... Wenn Sie versuchen, einen flüchtigen Beagle aufzuhalten, werden Sie schnell feststellen, dass die Geschwindigkeit ausreichend ist, um aus dem Beagle, der eben noch neben Ihnen saß, einen kleinen Punkt am Horizont zu machen.

AUSDAUER UND BEHARRLICHKEIT

Auch seine Beharrlichkeit, die ja immer Zuchtziel war, hat er bis heute behalten. Wenn ein Beagle ein Ziel hat, hat er ein Ziel! Attraktive Ziele für einen Beagle sind Kühlschränke, Grillplätze, möglichst viel Platz im Bett, Aufmerksamkeit

Gleich geht's los!

Im Jagdfieber

und natürlich bis heute Hasen und andere, in den Augen eines Beagles jagdbare Tiere. Diese Beharrlichkeit wird auch durch eine große Schmerzunempfindlichkeit gewährleistet, zumindest, solange es um die Jagd geht. Denn ein Jagdhund, der wie mein kleiner Chihuahua-Mix Piccolo beim puren Anblick von Brennnesseln, Wasser etc. die Hände über dem Kopf zusammenschlägt und sagt, „Ich kann so nicht arbeiten", würde sicherlich nicht in die Zucht gehen. Einen Beagle auf einer Spur hingegen würde wahrscheinlich nicht mal der Verlust zweier Beine von seinem Ziel abbringen.

ZU FUSS UND ZU PFERD

Im Gegensatz zu seinen größeren Verwandten, den Foxhounds, wurde mit den Beagles zunächst zu Fuß Jagd auf Hasen gemacht, bis die Fuchsjagd zu Pferd populär wurde. Und bis heute gibt es auch in Deutschland Beaglemeuten, in denen die Hunde zur Jagd am Pferd eingesetzt werden. Allerdings wird heutzutage zum Glück kein echter Fuchs mehr gejagt, sondern einer Kunstfährte aus Heringslake, Pansenwasser oder Ähnlichem gefolgt.

In vielen dieser Meuten sind Interessierte, die sich zum Beispiel das Training einer Meute anschauen wollen, gerne gesehene Besucher. Für einen Beaglehalter ist das sicherlich ein einzigartiges Erlebnis, das sich lohnt, und das vielleicht auch das Verständnis für den Hund, der bei einem wohnt, fördert. Ich kann es jedem nur empfehlen! Mir geht jedes Mal das Herz auf, wenn ich glücklich läutende Beagles – den Spurlaut der Beagles nennt der Fachmann „Geläut" – bei der Jagd beobachten darf!

Kulinarischer Brennpunkt auf Beagletreffen. Soziale Brennpunkte sind aber selten.

Kleiner Hund mit großer Klappe!

Die Stalker-Gang: immer ein Ziel vor Augen

KLEINES GROSSMAUL

Seinen Namen hat der Beagle übrigens vermutlich vom französischen „begueule“, was so viel bedeutet wie „offene Kehle“. Das ist eine Vermutung, der ich mich nur anschließen kann, denn bis heute sind alle Beagles „Großmäuler“ geblieben. Es gibt auch eine andere These zum Ursprung des Namens, nämlich dass er vom keltischen „Beag“ abstammt, was klein bedeutet. Also ein „kleines Großmaul“.

HOUNDS, DOGS UND DIE VERWANDTSCHAFT

Übrigens unterscheiden die Briten „dogs“ und „hounds“. Denn auch wenn der „hound“ auch ein „dog“, also Hund, ist, so hat er sich doch aufgrund seiner speziellen Eigenschaften eine eigene Bezeichnung verdient. Die Hounds als Hunde der Jäger werden unterteilt in „sighthounds“ (Sichtjäger) und „scenthounds“ (Nasenjäger). Die Sighthounds zeichnen sich durch eine hohe Geschwindigkeit aus und verfolgen die Beute auf Sicht, um sie zu packen. Die Scenthounds, wie der Beagle, folgen dem Geruch der Beute und benötigen dafür eine große Ausdauer und Beharrlichkeit, wurden aber im Gegensatz zu den Sichtjägern nie auf die reine Geschwindigkeit selektiert.

SNOOPY UND ANDERE BEAGLE-GRÖSSEN

Der bekannteste Rassevertreter ist wohl Snoopy, der „Godfather“ aller Beagles. Jeder Beaglehalter weiß an dieser Stelle, was ich meine. Wir leidgeplagten Beaglehalter befinden uns also mit Charly Brown in bester Gesellschaft …

Ein(e) weiterer bekannter Beagle war die H.M.S. Beagle, das Schiff, mit dem Darwin einst auf Forschungsreise ging. Forschungsdrang – Entdeckerreise – Erkundungsfreude, das passt gut, finde ich. Warum man aber eine Raumsonde „Beagle“ nennt, und sich dann allen Ernstes wundert, wenn sie auf einmal vom Schirm verschwindet, ist mir allerdings ein Rätsel. Auch ein Beagle im Weltall tut eben das, was ein Beagle tun muss …

DER BEAGLE ALS MODEHUND

Vor allem in den letzten Jahren ist der Beagle zum absoluten Modehund mutiert. Als ich vor 16 Jahren zu Andra kam, war sie an der Isar weit und breit der einzige Beagle. Inzwischen trifft man die bunten Hunde immer öfter, mit oder ohne ihre Halter. Leider hat es noch keiner Rasse gut getan, in Mode zu kommen, und auch beim

Snoopy ist eindeutig Meiers Vorbild

Beagle sehe ich das mit einer gewissen Skepsis. Zum einen, weil der Beagle eben sehr oft auf das „nur lieb“ reduziert wird, was einem eigenständigen Jagdhund in keiner Weise gerecht wird, zum anderen aber auch, weil durch die reine Selektion auf das Aussehen das Wesen, die Gesundheit, die Arbeitsleistung, und die ehemals rassetypischen Eigenschaften, die in der Meute notwendig waren, auf der Strecke bleiben. Wenn Sie die Beagles, die aus den Zuchtverbänden kommen, mit den Meutehunden vergleichen, gibt es gravierende Unterschiede in Aussehen und Verhalten. Die Meutehunde sind wesentlich langbeiniger und schmaler, denn ein sportlicher Körperbau ist eine Voraussetzung, um am Pferd mithalten zu können. Und nur, wer wirklich gesund ist und Leistung bringen kann, geht in einer Meute in die Zucht. Mein Eindruck aber ist, dass Beagles immer kurzbeiniger werden und breitere Schädel mit kürzeren Nasen bekommen, um das allseits beliebte Kindchenschema zu bedienen.
Das Gleiche gilt für die Sozialverträglichkeit, die Gesundheit und die geringe Futteraggression. Noch sind diese Eigenschaften in vielen Beagles erhalten geblieben, aber immer öfter begegnen mir auch Beagles, bei denen das nicht mehr der Fall ist. Was aber fast allen geblieben ist, ist die Eigenständigkeit, Beharrlichkeit und die Jagdleidenschaft. Das macht einen solchen Hund unter Umständen zu einer Herausforderung, und ein Blick auf die einschlägigen Vermittlungsseiten im Internet zeigt, dass viele Beagles im Alter von circa einem Jahr (also während der Pubertät) abgegeben werden, weil die Halter sich überschätzt haben. Natürlich steht das so nicht in den Vermittlungsanzeigen, es heißt dann wegen Allergie oder Umzug umständehalber abzugeben. Oft ist der einzige Wahrheitsgehalt dieser Anzeigen „umständehalber“. Ja, ein Beagle macht Umstände – mindestens so schöne genauso wie anstrengende.

BEAGLE BRIGADES – DES EINEN LEID, DES ANDEREN FREUD’

Eine weitere, dem Beagle wie auf den Leib geschneiderte Verwendung haben die Beagles in den USA gefunden, wo sie im Auftrag des Agrarministeriums und der Zoll- und Grenzschutzbehörde an Grenzübergängen, Häfen und Flughäfen zum Aufspüren illegal eingeführter Lebensmittel eingesetzt werden. Hier hat man sich also die Kombination aus feiner Nase und Unersättlichkeit zunutze gemacht, denn wer sollte Fressbares besser aufspüren können, als ein Beagle? Bei den Beagle Brigades arbeiten übrigens auch viele Beagles aus dem Tierschutz.

WAS SICH GEHÖRT: DER RASSESTANDARD

Auch wenn der Beagle alles andere als Standard ist, gehört in ein Rassebuch ein Rassestandard. Bei der FCI (Fédération Cynologique Internationale), dem weltweit größten kynologischen Dachverband, findet man ihn unter der Nummer 161. Für mich ist er die Nummer Eins!

URSPRUNG
Großbritannien

VERWENDUNG
Schweißhund

KLASSIFIKATION FCI
Gruppe 6: Laufhunde, Schweißhunde und verwandte Rassen.
Sektion 1.3: Kleine Laufhunde. Mit Arbeitsprüfung.

ALLGEMEINES ERSCHEINUNGSBILD
Ein robuster, kompakter Hund, vermittelt den Eindruck von Qualität, ohne grob zu wirken.

WICHTIGE PROPORTIONEN
Der Abstand zwischen Hinterhauptbein und Nasenschwamm sollte möglichst genau durch den Stop halbiert werden. Die Höhe bis zum Ellenbogen ist die Hälfte der Höhe bis zum Widerrist.

VERHALTEN / CHARAKTER (WESEN)
Ein fröhlicher Hund, dessen wesentliche Bestimmung es ist, zu jagen, vornehmlich Hasen, indem er der Fährte folgt, unerschrocken, äußerst lebhaft, mit Zähigkeit und Zielstrebigkeit. Aufgeweckt, intelligent und von ausgeglichenem Wesen. Liebenswürdig und aufgeweckt, ohne Anzeichen von Angriffslust oder Ängstlichkeit.

KOPF
Von mäßiger Länge, kraftvoll, ohne grob zu sein, feiner bei der Hündin, ohne Runzeln oder Falten.

OBERKOPF
Schädel Leicht gewölbt, mäßig breit, mit sich leicht abzeichnendem Hinterhauptbein.
Stop Deutlich ausgeprägt, der die Distanz zwischen Hinterhauptbein und Nasenschwamm möglichst genau halbiert.

GESICHTSSCHÄDEL
Nasenschwamm Breit, vorzugsweise schwarz, jedoch ist bei helleren Hunden eine abgeschwächte Pigmentierung statthaft; gut geöffnete Nasenlöcher.
Fang Nicht spitz.
Lefzen Angemessene Belefzung.
Kiefer / Zähne Kräftige Kiefer mit einem perfekten, regelmäßigen und vollständigen Scherengebiss, wobei die obere Schneidezahnreihe ohne Zwischenraum über die untere greift und die Zähne senkrecht im Kiefer stehen.
Augen Dunkelbraun oder haselnussbraun, ziemlich groß, weder tiefliegend noch hervortretend, ziemlich weit voneinander eingesetzt mit sanftem, gewinnendem Ausdruck.
Ohren Lang, unten abgerundet. Wenn nach vorne gezogen, fast bis zum Nasenspiegel reichend. Tief angesetzt, dünn, mit der Vorderkante anmutig an der Backe anliegend getragen.

HALS
Ausreichend lang, um dem Hund mühelos das Arbeiten mit tiefer Nase auf der Spur zu ermöglichen. Leicht gebogen, mit etwas Kehlhaut.

KÖRPER

Kurz in der Lende, aber gut ausgeglichen.

Obere Profillinie Gerade und waagrecht.

Lenden Lenden kräftig und biegsam.

Brust Brustkorb bis unter den Ellenbogen reichend. Rippen gut gewölbt und gut zurückreichend.

Untere Profillinie und Bauch Nicht übermäßig aufgezogen.

RUTE

Stark, von mittlerer Länge. Hoch angesetzt, fröhlich getragen, aber nicht über den Rücken gerollt oder vom Ansatz nach vorne geneigt. Gut behaart, besonders an der Unterseite.

GLIEDMASSEN

VORDERHAND

Schultern Schulterblatt gut zurückliegend, nicht überladen.

Ellenbogen Fest, weder ein- noch ausdrehend.

Unterarm Vorderläufe gerade und senkrecht gut unter den Hund gestellt. Gute Substanz mit runden Knochen. Die Läufe werden zu den Pfoten hin nicht schmäler.

Vordermittelfuß Kurz.

Vorderpfoten Fest, Zehen eng aneinanderliegend; gut aufgeknöchelt mit kräftigen Ballen. Keine Hasenpfoten. Nägel kurz.

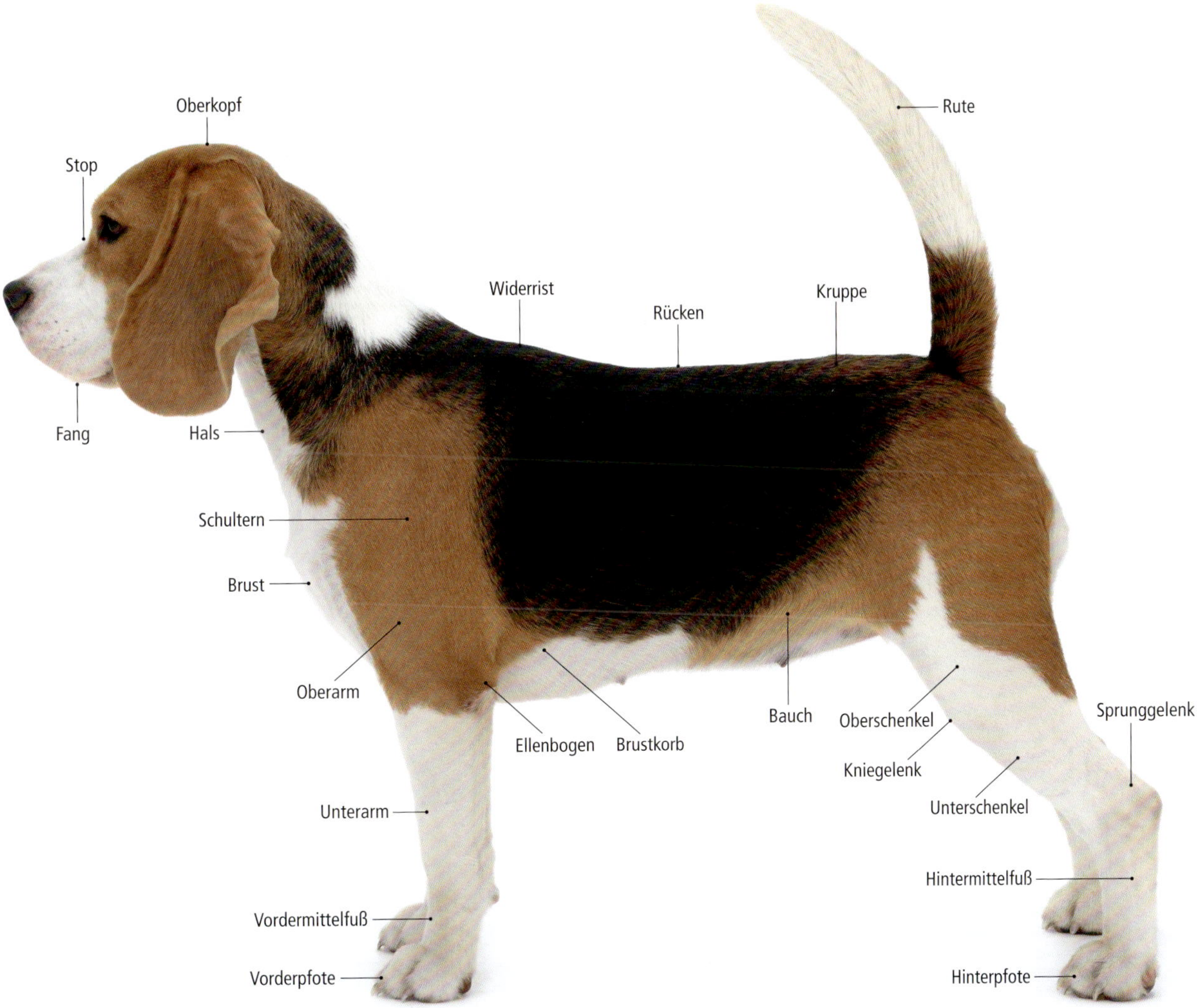

HINTERHAND

Oberschenkel Muskulös.

Knie Gut gewinkelt.

Sprunggelenk Fest, tief angesetzt, zueinander parallel.

Hinterpfoten Fest, Zehen eng aneinanderliegend; gut aufgeknöchelt mit kräftigen Ballen. Keine Hasenpfoten. Nägel kurz.

GANGWERK

Rücken gerade, kräftig, ohne Anzeichen von Rollen. Frei, ausgreifend, weiter Vortritt. Gerade, ohne die Läufe hoch anzuheben; deutlicher Schub aus der Hinterhand. Hinterhandbewegung sollte nicht eng sein, Vorhandbewegung nicht paddelnd oder kreuzend.

HAARKLEID

Haar Kurz, dicht und wetterbeständig.

FARBE

Dreifarbig (schwarz, braun und weiß); (blau, weiß und braun); dachsfarbig gefleckt (Badger-pied); hasenfarbig gefleckt (Hare-pied); zitronengelb gefleckt (Lemon-pied); zitronengelb (lemon) und weiß; rot (red) und weiß; braun und weiß; schwarz und weiß; ganz weiß.

Mit Ausnahme von ganz weiß können alle oben genannten Farben auch ‚Mottles' (getüpfelt) sein. Keine anderen Farben sind zulässig. Die Rutenspitze ist weiß.

GRÖSSE

Wünschenswerte mindeste Widerristhöhe: 33 cm.
Wünschenswerte höchste Widerristhöhe: 40 cm.

FEHLER

Jede Abweichung von den vorgenannten Punkten muss als Fehler angesehen werden, dessen Bewertung in genauem Verhältnis zum Grad der Abweichung stehen sollte und dessen Einfluss auf die Gesundheit und das Wohlbefinden des Hundes zu beachten ist und seine Fähigkeit, die verlangte rassetypische Arbeit zu erbringen.

DISQUALIFIZIERENDE FEHLER

Aggressive und übermäßig ängstliche Hunde. Hunde, die deutlich physische Abnormalitäten oder Verhaltensstörungen aufweisen, müssen disqualifiziert werden.

N.B.

Rüden müssen zwei offensichtlich normal entwickelte Hoden aufweisen, die sich vollständig im Hodensack befinden.

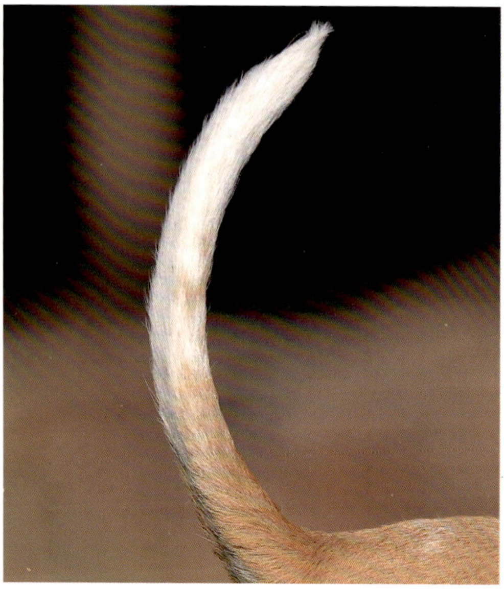

Erkennungsmerkmal: weiße Rutenspitze

Tricolour mit geschlossener Decke

BUNT, BUNTER, BEAGLE. DIE FARBEN

Ein guter Hund hat keine Farbe! Das würde sicherlich jeder, der Arbeitshunde züchtet, bestätigen. Dass verschiedene Hunde trotzdem verschiedene Fellfarben aufweisen, war ursprünglich nicht der Optik oder der derzeitigen Mode geschuldet, sondern hatte einen rein praktischen Grund: Hunde wurden schon immer passend zu den Anforderungen ihres Einsatzzweckes gezüchtet. Und so entstanden Jagdhunde mit Fellfarben, die es dem Jäger erleichtern, seinen Hund in fast jedem Gelände auszumachen, und das ist auch beim Beagle der Fall. Bis heute sind alle klassischen Hound-Farben erlaubt, nur leberfarben (eine Farbe, die ich persönlich wunderschön finde!) ist nicht erlaubt. Zwingend vorgeschrieben ist eine weiße Rutenspitze, und auch die hat große Vorteile, wenn man den Beagle im Gelände sucht. Bei anderen Arbeitsrassen ist das übrigens ähnlich, so ähnelt zum Beispiel die Fellfarbe der Herdenschutzhunde den Tieren, die sie bewachen sollen.

Es gibt kaum eine andere Rasse mit einer so großen Farbvariation wie den Beagle, und die individuelle Scheckung macht jeden Hund zum Unikat. Das ist auch in den Meuten wichtig, um die Hunde unterscheiden zu können.

TRICOLOUR

Zu den „gängigen“ Farben beim Beagle gehört der Tricolour, also ein dreifarbiger Hund, den man beinahe schon als den klassischen Beagle bezeichnen kann. Beim Tricolour muss man zwischen dem Tricolour, dem Tricolour broken und dem Tricolour harepied unterscheiden.

Bicolour at it's best!

Leberfarben – nicht zugelassen, aber wunderschön!

01

02

03

04

05

06

07

Meier ist ein klassischer Tricolour mit geschlossener schwarzer Decke. Ein Tricolour broken hat im Vergleich dazu viel mehr weiß, aber auch schwarze und braune Flecken, er ist also eher ein Fleckvieh. Das Schwarz kann auch aufgehellt sein und wird dann blue genannt.

HAREPIED

Der Harepied (hasenfarbene) Beagle ist eine weitere Variante des Tricolour Beagle. Bei einem Pied scheint in einem Streifen auf dem Rücken ein Mischeffekt aus verschiedenen Farben innerhalb eines Haares zu bestehen. Einen Pied Beagle erkennt man an seiner typischen Nase, deren Ränder dunkel und deren Mittelstreifen hell ist. Diese typische Nasenfarbe entwickelt sich allerdings erst mit ein paar Monaten.

BICOLOUR

Der nächste bekannte Farbschlag ist der Bicolour, also der zweifarbige Beagle. Bicolours gibt es in den Farben Lemon, Tan (braun) und Red (rot). Die Welpen sind bei der Geburt weiß mit creme oder beigefarbenen Flecken. Diese Markierungen werden dann im Laufe der Zeit meistens dunkler. Am seltensten ist der Lemon Bicolour.

MOTTLED

Auch den Mottled Beagle sieht man relativ oft, und auch hiervon gibt es verschiedene Varianten. Die Mottles gibt es in den Varianten: Lemon, Tan, Red, Tricolour und auch Pied mottle. Mottled Beagles haben in den entsprechenden Farben viele Punkte übers ganze Fell verteilt. Markant sind auch die Pfotenballen, die sich von außen nach innen dunkel pigmentieren.
Die Mottled Hunde waren zunächst häufig in den englischen Jagdmeuten vertreten.

01 Tricolour broken

02 Klassischer Tricolour

03 Leberfarben

04 Harepied

05 Mottled

06 Bicolour red

07 Bicolour lemon

SELTENE FARBSCHLÄGE

In die Grafik habe ich die gängigsten Farben aufgenommen, aber auch die seltenen Beagle-Farben sollen hier wenigstens kurz erwähnt werden:

- Weiß oder Creme (White or Cream) – einfarbig
- Zitronenfarben (Self Lemmon) – einfarbig
- Schwarz mit Loh (Black and Tan)
- Rot (Self Red) – einfarbig
- Schwarz mit Weiß (Black and White)
- Blau gesprenkelt wie Bleu de Cascogne (Bleu de Cascogne-Blue Mottled)
- Orange gesprenkelt (Orange Mottled)

ZEIGE MIR DEINEN PELZ ...

... und ich sage Dir, wer Du bist?! Ist da etwas dran? Wer kennt sie nicht, die zahlreichen „Legenden“, die sich um rote Kater ranken? Ihr Ruf eilt ihnen voraus, oft sind sie es, die sich beim Kampf um die Damenwelt am besten durchsetzen und die meisten Nachkommen haben. Und die meisten Tierärzte können wilde Geschichten von den roten Haudegen erzählen. Aber auch beim Hund gibt es natürlich die Zusammenhänge zwischen der Fellfarbe und dem Verhalten, weil beides zum Teil von denselben Genen beeinflusst wird.
Genauer gesagt handelt es sich um Zusammenhänge zwischen dem Stresshormonsystem und den Pigmentvarianten, die für die Ausbildung der Fellfarbe verantwortlich sind. Für die Färbung von Haut und Haaren sind eingelagerte Pigmente, Melanine, verantwortlich, die in den Pigmentzellen, den Melanozyten, gebildet werden. Diese sogenannten Melanine bestehen aus einzelnen Körnchen von unterschiedlicher Größe und Form. Sie bestimmen die Haar- und Hautfarbe.

DUNKLE TYPEN

Da gibt es zum einen das Eumelanin, eine Pigmentart, die für eine dunkle Fellfarbe verantwortlich ist. Es dominiert auch bei Menschen mit braunem und schwarzem Haar. Eumelanin liegt in der Grundform nahezu kugelförmig vor und besteht aus größeren Granula. Aufgrund seiner Struktur absorbiert es nahezu alles Licht – es dringen keine Spektralanteile nach außen.
Das Haar von Hunden und Menschen mit Eumelanin erscheint dunkelbraun bis schwarz. Der Produktionsweg des Eumelanins ist eng mit dem Produktionsweg der sogenannten aktiven Stresshormone aus dem Nebennierenmark verbunden. Im Speziellen sind dies das Noradrenalin als sogenanntes Kampfhormon, Adrenalin als sogenanntes Fluchthormon und die Selbstbelohnungsdroge Dopamin. Diese Botenstoffe, die vor allem das Verhalten von sogenannten A-Typen steuern, führen zu einem aktiven Verhalten und einer schnellen Reaktion in Stresssituationen, also je nach Situation und Persönlichkeit des Hundes zum Angriff oder zur Flucht.

UND HELLE TYPEN

Zum anderen gibt es das Phaeomelanin, eine Pigmentvariante, die bei blonden und rötlichen Fell- und Haarvarianten dominiert. Es liegt in der Grundform als kleinere, längliche Form vor, wodurch Licht im Spektrum Gelb–Orange–Rot reflektiert wird.
Diese Genvariante beeinflusst gleichzeitig Bindungsstellen für Cortisol im Rückenmark und im Gehirn. Das Cortisol ist ein Stresshormon aus der Nebennierenrinde, das als Hauptstresshormon bei sogenannten B-Typen dient und für Unsicherheit, defensive Aggression (wie es zum Beispiel auch die Leinen- oder territoriale Aggression sein kann), Ängstlichkeit oder Panikattacken verantwortlich ist. Es gibt also Zusammenhänge zwischen den Farbgenen und dem Immun- und Stresshormonsystem, die dazu führen, dass Hunde mit dunkel pigmentiertem Fell oft emotional stabiler und unbeeindruckbarer sind.

Bei roten Hunden ist das Phaeomelanin das vorherrschende Pigment.

AUSWIRKUNGEN AUF DAS TEMPERAMENT

Das zeigt sich auch in verschiedenen Studien zu dieser Thematik: So fanden sich bei als aggressiv eingestuften Labrador Retrievern mehr blonde als schwarze oder schokobraune Rassevertreter. Auch von Cocker Spanieln ist bekannt, dass rote Tiere aggressiver, nervöser und stressanfälliger sind als schwarze oder gescheckte Cocker Spaniel. Auch bei den wilden Verwandten unserer Haushunde, den Wölfen, vermutet die Wissenschaft Zusammenhänge zwischen einer geringeren Scheu den Menschen gegenüber und der Fellfarbe. So zeigen genetische Untersuchungen, dass die nordamerikanischen Timberwölfe vermutlich durch eine frühere Einkreuzung von Haushunden entstanden. Timberwölfe haben wesentlich dunkleres Fell als andere Wölfe, und sie haben weniger Scheu und treten wesentlich selbstbewusster auf als andere Wolfsarten mit deutlich heller gefärbtem Fell.
Speziell beim Beagle gibt es dazu leider (noch) keine Untersuchungen, aber Erfahrungsberichte vieler Hundetrainer bestätigen die Vermutung, dass die „Schwarzbuckel" auch beim Beagle oft anders sind, als die zweifarbigen, roten Beagle. Und trotzdem muss man natürlich auch hier darauf hinweisen, dass das Verhalten nicht nur von den Genen bestimmt, sondern eben auch maßgeblich durch Umwelteinflüsse geformt wird.

KLEINER HUND MIT GROSSER KLAPPE: DIE PERSÖNLICHKEIT

Annähernd jeder Hundehalter wird seinem Vierbeiner eine Persönlichkeit bescheinigen. Doch da stellt sich zunächst die Frage, was ist denn überhaupt eine Persönlichkeit? Ein schönes Modell zur Beschreibung derselbigen liefern die sogenannten „Big Five“ aus der Humanpsychologie, die vom ungarischen Biologen Adam Miklosi und seiner Arbeitsgruppe auch auf Hunde übertragen wurden. Ein Beagle ist schließlich auch nur ein Mensch ...
Die „Big Five“ ermöglichen eine ziemlich genaue Beschreibung eines Individuums, auch wenn bei Hunden nur vier der fünf Faktoren angewendet werden, weil es für den Faktor Gewissenhaftigkeit keine verlässlichen Tests gibt. Und trotzdem bin ich überzeugt, dass es auch unter Hunden sehr gewissenhafte Exemplare gibt und andere, die es eher mit „komm' ich heut' nicht, komm' ich morgen“ halten. Muss ich extra erwähnen, zu welcher Fraktion ich tendenziell die Beagles zählen würde? Allerdings sind sie zum Beispiel auf einer Fährte sehr gewissenhaft und die wenigsten würden umdrehen, bevor sie ihr Ziel erreicht haben ... Der Faktor lässt sich also nicht eindeutig beurteilen.
Doch zunächst möchte ich die Faktoren im Einzelnen vorstellen:

PERSÖNLICHKEITSMODELL **BIG 5**

NEUROTIZISMUS	stabil, selbstsicher, ruhig	labil, emotional
EXTRAVERSION	zurückhaltend, reserviert	gesellig
OFFENHEIT FÜR ERFAHRUNGEN	konsistent, vorsichtig	neugierig, kreativ
GEWISSENHAFTIGKEIT	unbekümmert, rebellisch	organisiert, angepasst
VERTRÄGLICHKEIT	wettbewerbsorientiert, misstrauisch	kooperativ, freundlich, mitfühlend

Extravertiert, stabil, neugierig und freundlich: Meier

NEUROTIZISMUS

Zunächst wäre da die Persönlichkeitseigenschaft des Neurotizismus, die angibt, wie emotional labil oder stabil ein Tier ist. Ist es selbstsicher und souverän oder eher emotional und labil? Wie reagiert es in Stresssituationen? Wie anfällig ist der Mensch oder das Tier für Ängste und Sorgen? Je mehr ein Individuum zum Neurotizismus tendiert, desto anfälliger ist es für Zweifel und negative Gefühle. Es wird schnell nervös, mutlos, empfindlich und wirkt immer angespannt. Ein Oberbedenkenträger, der sich schnell aus der Ruhe bringen lässt.

Das Gegenteil ist – wie der Begriff bereits vermuten lässt – bei der emotionalen Stabilität der Fall. Menschen oder andere Tiere mit hoher emotionaler Stabilität sind selbstsicher, stressresistent, souverän und lassen sich so schnell durch nichts aus der Ruhe bringen. Dieser Faktor beurteilt also, wie wir auf Rückschläge reagieren. Der Beagle ist sicherlich ein Hund, der per se eine ziemliche Stabilität mitbringt, eine Eigenschaft, die ihn – neben vielen anderen – als Versuchshund so geeignet macht, und eine Eigenschaft, die ein Hund braucht, der einen Job als selbstständiger Jäger hat. Labile Beagles sind also eher die Ausnahme, aber auch die gibt es natürlich, auch abhängig davon, welche Erfahrungen das Individuum in seinem bisherigen Leben gemacht hat.

EXTRAVERSION

Der nächste Faktor ist die sogenannte Extraversion, die angibt, wie gesellig oder – in der Umkehr – wie zurückhaltend ein Hund ist. Er beschreibt den Ausdruck und die Haltung nach außen. Eine extravertierte Persönlichkeit zeichnet sich durch Selbstbewusstsein und Geselligkeit aus und zeigt eine nach außen gewandte Haltung. Sie ist offen, mag Nähe und das Handeln innerhalb sozialer Gruppen. Sie ist kommunikativ, bestimmt, aktiv, energisch und enthusiastisch. Introvertierte Charaktere wenden ihre Aufmerksamkeit und Energie stärker auf ihr Innenleben. In Gruppen neigen sie eher zum passiven Beobachten als zum Handeln und werden häufig als still, zurückhaltend und ruhig beschrieben. Aber Introversion ist nicht unbedingt gleichzusetzen mit Schüchternheit oder gar asozialem Verhalten! Introvertierte streben genauso wie auch Extravertierte nach sozialen Kontakten, Freundschaften und Unternehmungen. Auf einer Party wird man die extravertierte Persönlichkeit dort finden, wo man auch den Beagle vermutet: in der Küche und mittendrin im Geschehen, während eine eher introvertierte Persönlichkeit sich eher am Rand aufhalten wird. Ersetzen wir die Party durch eine Spielstunde auf der Hundewiese, wird der extravertierte Hund immer mittendrin statt nur daneben sein, den introvertierten wird man eher distanziert am Rand finden, wo er sich vielleicht mit dem Lesen von Duftmarken und Statusmeldungen der anderen beschäftigt oder einfach das bunte Treiben der anderen beobachtet, sich selbst aber zurückhält.

VERTRÄGLICHKEIT

Der Faktor Verträglichkeit gibt an, ob mit jemandem „gut Kirschen essen" ist. Verträgliche Menschen helfen anderen, sind nachsichtig, haben Vertrauen in ihre Mitmenschen und können verzeihen. Der Faktor Verträglichkeit gibt auch an, wie kooperativ ein Individuum ist, ob man es mit einem Teamplayer oder doch eher mit einem Einzelkämpfer zu tun hat. Verträgliche Hunde sind interessiert an der Zusammenarbeit und dem sozialen Miteinander, vertrauen anderen und wirken dabei aufgeschlossen und freundlich. Wer sollte verträglicher sein als ein Meutehund?! Wer in einer WG mit vielen Artgenossen lebt, tut sich schließlich leichter, wenn er eine gewisse Verträglichkeit mitbringt. Spannend wäre, auf welchen Platz es die Meutebeagles schaffen ... Allerdings muss man auch sagen, dass die Beagles zwar in der ursprünglichen Haltungsform, der Meute, stets auf Verträglichkeit selektiert wurden, aber auf der Schleppfährte dann doch jeder für sich unterwegs ist – sie machen sozusagen alle zusammen ihr eigenes Ding, ohne dabei großartig zu kooperieren. Und auch der Halter ist gefordert,

01

02

herauszufinden, wie er aus seinem Hund einen Teamplayer machen kann, denn es gibt Einfacheres, als einen Beagle zur Kooperation zu bewegen. Wenn man allerdings weiß, wie man es anstellen muss, dem Beagle ein stets verlässlicher Kooperationspartner ist und zudem noch ein bisschen mehr Sturheit an den Tag legt als der Hund, hat man gute Karten.

Die Verträglichkeit ist übrigens ein Faktor, der meiner Erfahrung nach auch bei Beaglehaltern sehr ausgeprägt ist! Das zeigt die Vielzahl an Beagletreffen, die quer durch die Republik veranstaltet werden. Aber vielleicht ist das auch der Tatsache geschuldet, dass man viele Beagle eben nur auf einem sicher eingezäunten Platz frei laufen lassen kann …

03

04

OFFENHEIT FÜR NEUE ERFAHRUNGEN

Die Offenheit für neue Erfahrungen ist ein Maß für die Wahrnehmung der Außenwelt. Eine offene Persönlichkeit ist vielseitig interessiert, wissbegierig, begeisterungsfähig und neugierig, und sie liebt die Abwechslung. Ein Hund dieser Persönlichkeit ist einfallsreich, originell und erfinderisch, stets offen für neue Ideen und zieht Abwechslung der Routine vor. Das andere Ende dieser Skala bildet die Verschlossenheit. Ein verschlossener Hund ist Neuem und Fremdem gegenüber misstrauisch, als Mensch wäre er eher konservativ – er hält sich lieber an Altbekanntes. Statik und Beständigkeit sind ihm wichtig, er verhält sich in neuen Situationen oft ähnlich, anstatt Neues auszuprobieren, und wirkt dadurch sehr stoisch. Also eher der Dauercamper mit Bausparvertrag als der Wildcamper, der heute noch nicht weiß, wo er morgen übernachtet. Das Gros der Beagles habe ich als extrem offen und neugierig erlebt. Alleine der Freiheitsdrang spricht Bände …

01 *Auch Beagles können, je nach ihren bisherigen Erfahrungen, eher introvertiert sein …*

02 *… aber häufiger trifft man sicherlich die Rabauken unter ihnen an.*

03 *„Abenteuer? Ich komme!" – Denn wo ein Wille ist, ist auch ein Weg.*

04 *Viele Beagles bleiben ein Leben lang sehr verspielt und sind in aller Regel sozialverträglich.*

Sie müssen ihre Schnüffelnase einfach überall reinstecken.

RASSE VERSUS INDIVIDUUM

Sicherlich kann man also bestimmte Persönlichkeitsmerkmale an der Rasse festmachen – denn die meisten Rassen entstanden ja durch die Selektion auf bestimmte Eigenschaften, aber dennoch muss man immer das Individuum sehen. So sind zum Beispiel meine zwei Biotonnen jeweils Beagle durch und durch und haben den Rassestandard offenbar gut studiert – besonders die Stelle mit dem selbstständigen Jagen – aber könnten trotzdem unterschiedlicher nicht sein. Andra ist zum Beispiel wesentlich introvertierter als Meier, und auch nicht ganz so gesellig. Was die Offenheit für neue Erfahrungen angeht, steht sie ihm allerdings in nichts nach. Und im Vergleich dazu stechen bei meiner Chihuahua-Fraktion deutlich andere Eigenschaften hervor.

QUINTESSENZ

Um es noch einmal fernab wissenschaftlicher Persönlichkeitsmodelle zu formulieren:
Der Beagle ist für mich ein überaus fröhlicher Clown, stets optimistisch und an das Gute im Menschen und im Artgenossen glaubend, mit einer gehörigen Portion Intelligenz – auch wenn er sie manchmal gut zu verstecken weiß – und einem sehr liebenswerten und oft mindestens genauso verfluchenswerten eigenen Kopf.
Wer all diese Eigenschaften ebenso wie ich zu schätzen weiß, ist mit einem Beagle bestens bedient.
Wer hingegen auf preußische Zuverlässigkeit steht, wenig offen für neue Erfahrungen ist und mehr dem Typ Dauercamper entspricht, sollte sich das Projekt Beagle eventuell noch einmal gut überlegen und sich gegebenenfalls ein gutes Rassebuch über Schäferhunde zu Gemüte führen …

DER BEAGLE – ZWISCHEN MYTHOS UND WAHRHEIT

Um den Beagle ranken sich sehr viele (Vor-) Urteile, aber nicht alles, was man ihm nachsagt, stimmt. Die gängigsten Aussagen über den Beagle habe ich gesammelt und mit meinen eigenen Erfahrungen verglichen. Dennoch ist es auch hier wichtig zu sagen, dass keine der Aussagen jemals auf 100% aller Beagles zutreffen wird, denn es gibt immer Ausnahmen, zum Teil auch basierend auf den Erfahrungen, die das Tier gemacht hat, und auf der Umwelt, in der es aufgewachsen ist. Die folgende Auflistung soll Ihnen also eher einen groben Überblick über das, was Sie beim Gros der Beagles erwartet, geben. Vom Schlimmsten auszugehen und sich dann positiv überraschen zu lassen, ist ja nie ein Fehler ...

STURHEIT

Man könnte es auch Beharrlichkeit nennen, das hört sich gleich besser an. Eigentlich ist es egal, wie man es nennt, auf jeden Fall ist diese Eigenschaft dem Beagle zu eigen, denn sie war lange Zeit Zuchtziel und für die Jagd auf Hasen unabdingbar. Bis heute ist der Beagle ein Hund, der im Zweifelsfall nochmal „nachfragt“, ob das, was gestern galt, auch heute noch seine Gültigkeit hat. Und Ihr Job ist es, ihm genau das klarzumachen. Denn das Einzige, was einem als Mensch bleibt, ist, noch ein bisschen sturer zu sein, als der Beagle. Das ist anstrengend, aber möglich, und die eigene Beharrlichkeit zahlt sich aus.

Schnellkomposter gefällig? Die meisten Beagles stellen sich gern zur Verfügung.

VERFRESSENHEIT

„Biotonne auf vier Beinen“ trifft des Beagles Kern, beziehungsweise seinen Magen, ganz gut. Auch diese Eigenschaft war stets ein Zuchtziel bei den bunten Hunden, und um einen mäkeligen Beagle zu finden, sollte man sich Zeit nehmen. Allerdings sollte man während der Suche besser kein Essen unbeaufsichtigt stehen lassen ... Aber auch diese Eigenschaft bringt nicht nur Nachteile mit sich. Ich habe lange Zeit einen extrem mäkeligen Hund gehabt, der selbst Wienerle verschmähte. Das macht das Lernen und die Erziehung um ein Vielfaches schwieriger. Bei den meisten Beagles haben Sie mit etwas Fressbarem ein gutes Gegenargument in der Hand – wogegen auch immer.

JAGDLEIDENSCHAFT

Ein Jagdhund ohne Jagdpassion ist wie ein Auto ohne Sprit! Ein paar Beagles ohne Sprit kenne ich sogar, aber man hat auch schon Pferde vor der Apotheke kotzen sehen. Ich würde bei der Entscheidung Pro oder Contra Beagle also eher von Super Plus ausgehen und mich im Zweifelsfall positiv überraschen lassen.
Allerdings bedeutet Jagdleidenschaft nicht, dass man einen Beagle niemals ohne Leine laufen lassen kann! Es bedeutet nur, dass es Mühe macht, ihn kontrollieren zu können. Auch in der Meute dürfen die Hunde natürlich erst nach Freigabe auf die Fährte, und nicht dann, wenn ihnen gerade danach ist.

Geschirr und Schleppleine gehören zur Beaglegaderobe dazu, zumindest am Anfang.

Für Fressbares tun viele Beagles alles!

Bringen Sie Ihre Schuhe in Sicherheit!

„NUR LIEB"

Ja, das sind sie in der Regel, freundliche, optimistische Clowns. Allerdings gibt es auch hier Ausnahmen, sowohl, was die Freundlichkeit Menschen gegenüber als auch Artgenossen angeht. Denn auch ein Beagle ist nur die Summe der Erfahrungen seines bisherigen Lebens. Dazu kommt, dass man den Beagles keinen Gefallen tut, wenn man sie auf diese Eigenschaft reduziert, denn ein eigenständiger Nasenjäger braucht viel mehr, als nur Freundlichkeit, um im harten Berufsleben zu bestehen. Auch zum Beispiel Schmerzen können bei einem eigentlich freundlichen Beagle zu plötzlichem Abwehrschnappen führen.

DER ZERSTÖRER

Liest man in einschlägigen Beaglegruppen, so gibt es offenbar fast nichts, was nicht schon von einem Beagle zerstört wurde, angefangen von harmlosen Schuhen oder Stofftieren über Personalausweise bis hin zu Türzargen, Sofas und Ähnlichem. Allerdings glaube ich, dass das in anderen Gruppen, in denen sich Halter von Junghunden austauschen, nicht anders ist. Mit einem jungen Hund muss man mit Verlusten rechnen, vor allem im Zahnwechsel ist nichts vor ihnen sicher. Da hilft nur Erziehung und Aufräumen ...

KINDERLIEB

Ähnlich wie bei der Freundlichkeit und Verträglichkeit gibt es auch keine Garantie dafür, dass ein Beagle kinderlieb ist. Denn das hängt sowohl vom Kind als auch vom Hund ab. Keinesfalls sollten Sie kleine Kinder und Hunde unbeaufsichtigt lassen, denn auch Beaglezähne reichen aus, um bei einem Kleinkind böse Verletzungen zu hinterlassen. Und selbst wenn keine Absicht dahintersteckt, kann es auch beim Toben zu Verletzungen kommen. Als Eltern sind Sie dafür verantwortlich, dass Ihr Kind lernt, sich dem Hund gegenüber adäquat zu verhalten! Dem Hund sollte immer ein Rückzugsort zur Verfügung stehen, an dem er garantiert ungestört ist.
Wenn Sie Ihrem Erziehungsauftrag und Ihrer Aufsichtspflicht Hund und Kind gegenüber nachkommen, steht einer tollen Freundschaft zwischen Kind und Beagle nichts im Weg.

DER FAMILIENHUND

Der „Familienhund" ist wohl eines der Attribute, das dem Beagle am häufigsten zugeschrieben wird. Und ja, der Beagle kann ein toller Hund in einer Familie sein, aber alleine das Wort „Familienhund" sagt schon, dass das vom Hund und der Familie abhängt. Die Familie gibt es nicht, aber ein Beagle kann für eine aktive Familie eine Bereicherung sein! Allerdings ist der Beagle sicherlich ein Hund, der eine gehörige Portion Erziehung benötigt und viel Zeit in Anspruch nimmt. Sie sollten sich gut überlegen, ob Sie das neben der Erziehung Ihrer Kinder leisten können! Denn sicher ist, dass der Beagle in der Familie nicht weniger Arbeit macht, weil er die Kinder beschäftigt, sondern Sie nun mit der Erziehung von Kind und Hund beschäftigt sind.

NIE OHNE LEINE

Natürlich kann er das! Aber das muss man sich bei den meisten Beagles hart erarbeiten. Und das sollte man auch, da Freilauf in meinen Augen viel mit Lebensqualität zu tun hat. Trotzdem wird es zum einen Hunde und zum anderen Situationen geben, bei / in denen das nicht möglich ist. Und die meisten Beagles werden nie der Hund sein, mit dem man beim Spaziergang die Seele baumeln lassen kann. Stellen Sie sich darauf ein, dass Sie mental immer bei Ihrem Hund sein müssen, weil er sonst jede Unachtsamkeit Ihrerseits schamlos ausnutzt. Meine Beiden sind bis heute in der Dämmerung am Waldrand oder wenn ich abgelenkt bin, weil ich zum Beispiel nicht alleine gehe, an der Schleppleine.

ALLE BEAGLES SIND DICK

Leider neigt der Beagle tatsächlich zu einem guten Appetit und ist selten ein Kostverächter. Ob er allerdings dick wird, wie so viele seiner Rassegenossen, liegt alleine in Ihrer Hand. Zumindest ich habe noch von keinem Beagle gehört, der nachts den Kühlschrank plündert ... Als verantwortungsbewusster Hundehalter ist es Ihre Pflicht, dafür Sorge zu tragen, dass der Beagle nicht aus den Fugen gerät, denn Übergewicht hat fatale Folgen für die Gesundheit. Legen Sie sich ein dickes Fell gegen die schmachtenden Blicke zu, bleiben Sie hart! Eine Bikinifigur hat der Beagle nicht, wenn man zwei Maßkrüge auf ihm abstellen, sondern wenn man die letzten Rippen sehen kann.

SCHWER ERZIEHBAR BIS UNERZIEHBAR

Das würde ich nicht so sagen. Auch wenn es sicherlich leichtführigere Rassen gibt, so kann (und sollte!) man einen Beagle natürlich erziehen! Denn das bedeutet die größtmögliche Freiheit für den Hund und größtmögliche Entspannung für seinen Menschen. Die einzige Voraussetzung ist es, noch sturer als ein Beagle zu sein, trotz „des Blickes" konsequent zu bleiben, und die richtige Motivation zu finden. Beagles arbeiten sehr gerne mit, wenn man weiß, wie es geht!

Entgegen weitverbreiteter Gerüchte, ...

EIN BEAGLE ERZIEHT SEINE MENSCHEN

Vermutlich fällt es dem Beagle in vielen Fällen tatsächlich leichter, seinen Menschen zu erziehen, als andersrum! Machen Sie sich bewusst, dass alles, was Ihr Schlappohr erlebt, eine Lernerfahrung ist. Und was einmal funktioniert, geht beim nächsten Mal bestimmt auch. Reicht man einem Beagle den kleinen Finger, nimmt er gleich den ganzen Menschen. Sie müssen sich also jederzeit darüber im Klaren sein, wie viele Finger Sie ihm reichen wollen ...

LIEBESBEDÜRFTIGER SCHMUSEHUND

Ja, viele Beagles (nicht alle!) sind ziemlich anhänglich, und haben das Wort „Individualdistanz“ sicherlich nicht erfunden. Sie mögen den engen Kontakt zum Menschen – wenn es ihnen in den Kram passt. Wenn der Beagle Besseres zu tun hat, weil die Düfte der Welt, die Freiheit oder Fressbares locken, stehen Sie ganz schnell alleine da. Sie sollten beizeiten darauf achten, dass Ihr Hund Sie nicht komplett in Beschlag nimmt, denn ganz schnell wird aus der vermeintlichen „Liebe“ ein

... kann man einen Beagle erziehen und sollte es auch! Dann kann man ihn auch ableinen.

Immer das letzte Wort? Manchmal muss man ihnen Einhalt gebieten, denn Beagles hören sich gerne selbst reden.

ständiges Fordern und ein Lechzen nach Aufmerksamkeit. Achten Sie darauf, dass die Kontaktaufnahme mindestens genauso oft von Ihnen, wie von Ihrem Hund ausgeht.

BEAGLES SIND VIERBEINIGE STAUBSAUGER

Ja, mit einem Beagle im Haus lernt man schnell, aufzuräumen, und nichts in dessen Augen Fressbares stehen zu lassen. Und fressbar ist in den Augen eines Beagles nahezu alles! Und Gelegenheit macht bekanntlich Diebe!
Ihr Beagle wird Sie zu einem ordentlicheren Menschen erziehen, und das ist auch gut so, denn nicht alles, was ihm fressbar erscheint, ist auch gesund für einen Hund. Dazu kommt, dass sich die Meldungen über Giftköder häufen – Sie sollten also frühzeitig anfangen, Ihrem Beagle beizubringen, ohne Freigabe durch Sie nichts zu fressen, denn das sichert im Zweifelsfall sein Überleben.
Meine nicht repräsentative Umfrage auf Beagletreffen hat ergeben, dass ein Großteil der Beaglehalter den Wirkstoff Apomorphin, den der Tierarzt als „Kotzspritze“ verabreicht, und der im Notfall bis zu drei Stunden nach der Aufnahme von toxischen Substanzen zum Erbrechen führt, kennen. Ich bin sicher, dass unter den Haltern anderer Rassen das Wissen um Apomorphin nicht so verbreitet ist …

BEAGLES BLEIBEN NICHT ALLEINE

Tatsächlich bleiben viele Meutehunde nicht gern alleine, aber auch das ist – wie so Vieles! – eine Frage der Erziehung. Üben Sie von Beginn an kleinschrittig, den Beagle auch mal für ein paar Minuten alleine zu lassen, sodass es für ihn zur Normalität wird. Dazu müssen Sie gar nicht das Haus verlassen, anfangs reicht es, wenn Sie einfach mal eine Zimmertür hinter sich schließen. Achten Sie darauf, dass Sie nicht ausgerechnet in dem Moment wiederkommen, wenn er gerade Terror macht, denn das wird dann schnell zur Strategie. Beagles sind schlau! Und verabschieden Sie sich von dem Gedanken, dass es „Liebe“ oder Verlassensangst sei, wenn Ihr Kleiner Sie auf Schritt und Tritt verfolgt – in den meisten Fällen hat das vielmehr mit Kontrolle und der Angst, etwas zu verpassen, zu tun. Bei einem Menschen kämen Sie auch nicht auf die Idee, einen Kontrollwahn mit Liebe gleichzusetzen, oder?

BELLFREUDIG

Ja, der Beagle teilt sich gerne mit! Und das Beaglegeläut ist für Beaglehalter Musik – aber ist es das auch für Ihre Nachbarn?! Auch Musik kann nerven, wenn man sie nicht abstellen kann. An dieser Baustelle sollten Sie also von klein auf arbeiten, machen Sie ihm klar, dass dauerhafte Beaglekonzerte unerwünscht sind, beziehungsweise, dass Sie Ruhe schätzen. Oft bellen Beagles, wenn sie etwas fordern oder aus Frust. Wenn Sie hierauf eingehen, haben Sie schnell verloren und der Beagle hat weitere Pluspunkte auf seinem Konto. Wie gesagt, Beagles sind sehr schlau, wenn es um ihre Belange geht, und eine Strategie, die sich einmal bewährt hat, wird gnadenlos weiterverfolgt.

DER BEAGLE IST EIN LAUFHUND

Ja, das ist er, und Sie werden, wenn Sie ihn nicht fett füttern (was Sie bitte nicht tun!), mit einem Beagle keine Vollzeit-Couch-Potatoe bekommen.

Beagles – alles andere als Couch-Potatoes!

Und natürlich sollten Sie seinem Bewegungsdrang gerecht werden. Dennoch liegt es an Ihnen, wie sehr Sie Ihren Beagle „hochtrainieren“.
Ein Hund, der es gewöhnt ist, täglich mehrere Stunden zu laufen, wird das selbstverständlich auch einfordern.
Doch manchmal ist weniger auch mehr, und auch ein Beagle kommt durchaus damit zurecht, wenn er mal etwas weniger Bewegung hat und dafür „nur“ kopf- oder nasenmäßig ausgelastet wird. Zumal der Einsatz der Nase wesentlich anstrengender ist, als „bloßes“ Laufen. Ich würde Ihnen empfehlen, von Anfang an auch Tage mit geringerer Bewegungsaktivität einzubauen, damit es im Notfall (Krankheit etc.) kein Problem ist, wenn er mal ein geringeres Tagespensum hat.

ANFÄNGERHUND? ODER ANFANG VOM ENDE?

Immer wieder stolpert man in diversen Beaglegruppen und -foren über die Frage, ob der Beagle als „Anfängerhund" geeignet sei. Hier wird viel diskutiert, in letzter Zeit sogar vermehrt, weil der Beagle, dank seines Rufes, zum Modehund mutiert.

DER ANFÄNGER UND DER BEAGLE

Zur Beantwortung dieser Frage müsste man zunächst klären, was ein Anfänger ist. Und vielleicht auch, was der Beagle ist. Ich kenne Menschen, die seit 30 Jahren den Führerschein haben, bei denen ich jedoch nicht ins Auto steige, wenn es nicht unbedingt sein muss. Zu Fuß gehen, kann ja auch ganz nett sein ... Man kann 30 Jahre lang etwas falsch machen, und man kann 30 Jahre lang beratungs- und lernresistent sein. Ja, ein Beagle braucht – wenn er nicht nur hören, sondern auch folgen soll – einen konsequenten Menschen, und darüber, dass er kein „sich selbst erziehender" Hund ist, sollte man sich im Klaren sein. Allerdings hat Konsequenz nicht unbedingt etwas mit langjähriger Erfahrung zu tun, es gibt genug Menschen, die seit 20 Jahren inkonsequent sind und es auch die nächsten 20 Jahre sein werden. Und wenn Sie es schaffen, mit den Konsequenzen zu leben und Ihrem Beagle trotzdem ein artgerechtes Leben zu ermöglichen, ist auch das in Ordnung.

JEDER FÄNGT MAL AN

Jeder fängt irgendwann mal an und hat seinen ersten Hund. Und viele haben, wie ich zum Beispiel, jahrelang nur einfache, sich sozusagen selbst erziehende Hunde, und irgendwann kommt der eine, bei dem alles anders ist. Ein Sprichwort sagt, „jeder bekommt den Hund, den er zum Lernen braucht", und ich glaube, der Wahrheitsgehalt dieses Sprichwortes besteht darin, dass man mit jedem Hund lernt, weil jeder Hund anders ist. Was ich – nebenbei gesagt – wundervoll finde. Auch in meinem Leben gab es bisher einen Hund, mit dem ich besonders viel gelernt habe, allerdings war das kein Beagle.
Aber auch mit und von meinen Beagles und Zwergen habe ich jede Menge gelernt, und das wird sicherlich auch bei weiteren Hunden so sein. Und ich freue mich auf die Herausforderungen, die mir diese Hunde stellen und stellen werden. Wenn's einfach wäre, könnte es ja jeder ...

ERWARTUNGEN AN DEN HUND

Und vielleicht sind wir damit bei der Beantwortung der Frage „Familienhund Beagle?" zu einem wichtigen Punkt gekommen: den eigenen Erwartungen. Ich habe versucht, den Beagle so ehrlich und schonungslos, aber auch liebenswert wie ich kann, zu beschreiben. Denn ein Beagle ist vielseitig, und viele Rassebeschreibungen vom und Aussagen zum Beagle sind es nicht, sondern reduzieren sich auf die „Nur-lieb"- und „Optimaler-Familienhund"-Beschreibungen. Dass man „liebenswerter Dickkopf" mit „sturstem Betonschädel der Welt", der einen viele Nerven kosten wird, gleichsetzen muss, dass „guter Appetit" beim Beagle unter Umständen bedeutet, nie mehr

Essen stehen zu lassen und sich regelmäßig Sorgen machen zu müssen, weil Beagles „fressbar" anders definieren als andere Hunde, dass sich hinter „eigenständig" einsame Stunden am Waldrand verstecken, und dass mit den wenigsten Beagles ein Spaziergang dem Seelebaumeln des Halters dient, muss einem erst einmal gesagt werden. Und wenn es einem jemand sagt, muss man es glauben, und zwar auch dann, wenn man beim Anblick der schlappohrigen Welpen gerade Herzchen in den Augen bekommt.

DAS VERFLIXTE ERSTE JAHR

Sicher, auch „lieb" kann ein Beagle sein, aber eben auch noch viel mehr. Und schwierig werden sie, wie die meisten Hunde, in der Pubertät. Wenn wir uns die zahlreichen „Beagle-in-Not"-Seiten im Internet anschauen, werden wir feststellen, dass die Pubertät das Alter ist, in dem viele Hunde abgegeben werden, weil sie jetzt nicht mehr nur süß sind, sondern mindestens genauso schwierig und anstrengend. Darüber sollte man sich von Vornherein im Klaren sein – egal ob als Anfänger oder erfahrener Hundehalter. Würden sich Menschen mehr Gedanken vor der Anschaffung ihres Hundes machen, sich besser über die Rasse informieren und sich bereits im Vorfeld mit Haltern der in Erwägung gezogenen Rassen unterhalten, und wären sie bereit, mit den Konsequenzen ihrer Entscheidung zu leben, auch wenn das Leben vielleicht nicht immer ein Ponyhof ist, würden sicherlich weniger Hunde abgegeben werden.
Im Falle einer Fehleinschätzung des Halters sind die Beagles in der Regel die einzigen Leidtragenden, die ein Leben an der Leine fristen müssen, in dem ihre Bedürfnisse missachtet und sie als selbstständige Jäger unterschätzt werden. Und dennoch muss man ihnen zugutehalten, dass sie selten gefährlich werden, sondern sich nach wie vor durch ein freundliches Wesen und eine stoische Ruhe auszeichnen. Wenn ich hingegen an den aus Unwissenheit angeschafften Herdenschutzhund denke …

WETTBEWERB IN BEHARRLICHKEIT

Ich bleibe also dabei, dass ein Beagle durchaus als Anfängerhund geeignet sein kann, wenn es sich um einen lernbereiten, humorvollen Menschen handelt, der bereit ist, sich Anleitungen in einer guten Hundeschule zu holen, und der noch etwas beharrlicher ist, als der Hund, den er an seiner Leine führt.
Denn dann ist der Beagle ein wunderbares Lerngeschenk, das die Konsequenz, die Impulskontrolle, die Frustrationstoleranz und die Beharrlichkeit seines Halters schult und nebenbei viel Freude und Farbe ins Leben seines Menschen bringt.

Lernen Sie, diesem Blick zu widerstehen!

DER IDEALE BEAGLEHALTER
— *Ein Interview mit Herrn Meier*

Wer könnte die Anforderungen an einen Beaglehalter besser formulieren, als ein Beagle? An dieser Stelle überreiche ich das Wort an Herrn Meier, der diesbezüglich ziemlich klare Vorstellungen hat. Beaglehalter, die „umständehalber" abgegeben werden, gibt es schließlich schon genug …

Herr Meier, worauf sollte man bei der Wahl des Halters achten?

Bevor hund sich einen Halter ins Haus holt, sollte er sich gut informieren! Eine unüberlegte Anschaffung kann zu großen Problemen führen. Ich weiß, wovon ich rede, denn bei mir hat es mit dem richtigen Menschen erst beim 6. Anlauf geklappt. Alle anderen habe ich wieder entsorgt. Bevor ich jetzt aber wild beschimpft werde, ich habe sie natürlich nicht einfach an der nächsten Autobahnraststätte ausgesetzt, sondern ein gutes Zuhause für sie gesucht.

Was sollte hund also beachten, um sich und den Halter glücklich zu machen? Ein Beaglehalter sollte unbedingt eine Prise Humor mitbringen und das Leben ähnlich optimistisch sehen, wie wir. Mit unserer „Komm-ich-heut-nicht,-komm-ich-morgen"-Mentalität sollte er umgehen können, zur Not lässt sich hier mit positiver Bestärkung noch einiges machen. Man kann sich seinen Halter entgegen anderslautenden Aussagen durchaus auch noch nach der Präge- und Sozialisationsphase biegen und formen. Dazu bedarf es allerdings einer gehörigen Portion Charme und einer gewissen Hartnäckigkeit – aber das sollte kein Problem sein!

Welche Eigenschaften sind dir wichtig?

Der Halter sollte in der Lage sein, sich notfalls auch mal ein paar Stunden alleine im Wald zu beschäftigen, hund kann sich schließlich nicht immer um ihn kümmern. Eine gewisse Selbstständigkeit ist also ein Muss! Wer möchte schon einen absolut unselbstständigen Menschen, den man nicht mal ein paar Stunden alleine lassen kann?!

Vor der Anschaffung sollte man auf jeden Fall seine Kraul- und Streichelfähigkeiten testen, um nachher keine bösen Überraschungen zu erleben. Denn auch diesbezüglich sollte die Anschaffung wohlüberlegt sein, bevor ein Mensch nachher wieder sein Zuhause verliert.

Nun kommen wir zu der prekären, viel diskutierten Frage. Wer gehört ins Bett?

Generell ist wichtig, dass hund ausreichend bequeme Schlafstätten im zukünftigen Zuhause zur Verfügung stehen. Die Verankerung des obligaten Schlafens unter der Decke im Rassestandard ist meines Erachtens nach längst überfällig! Das heißt, der Halter sollte keinesfalls Ressourcen-aggressiv sein und das Bett für sich alleine beanspruchen. Mit dem richtigen Blick und der entsprechenden Hartnäckigkeit sollte die Bastion Bett schnell fallen. Erfahrungsgemäß ist dem Halter die Nachtruhe wichtiger als das Ausfechten nächtlicher Kämpfe. Einfach dranbleiben, dann geht das schon!

Auch sollte der Halter nicht unter einem zu leichten Schlaf leiden, sonst kann es zu Unstimmigkeiten bei nächtlichen Beaglewanderungen durchs Bett kommen. Der Halter sollte respektieren, dass das Finden der richtigen Schlafposition manchmal etwas dauern kann, gut Ding will schließlich Weile haben. Kompromissbereitschaft ist eine wichtige Eigenschaft, aber sie hat ihre Grenzen, und die beginnen bei der richtigen Schlafposition. Kompromissbereit sind wir Beagles hingegen bei der Auslegung dessen, was Menschen- und was Hundefutter ist. Auch zu Ersterem sagen wir nicht Nein. Das wäre ja auch kleinlich ...

Herr Meier, wie hast du es geschafft, deinen Menschen zu mehr Flexibilität zu erziehen?

Uns sind kreative Besitzer gerne willkommen, die nichts gegen eine gelegentliche Umgestaltung des Wohnraumes haben. Mal ehrlich, wer will schon jahrelang dieselbe Couch haben? Manche Halter müssen allerdings erst in mühevoller Erziehungsarbeit davon überzeugt werden, dass Müll in Mülltonnen so ziemlich das Langweiligste ist, was mensch haben kann. Wenn man aber Schritt für Schritt vorgeht, sich kleine Lernziele setzt und den liebevoll im Wohnzimmer drapierten Müll immer schön positiv verstärkt, wird mensch irgendwann ein Einsehen haben und aufgeben.

„Wer möchte schon einen absolut unselbstständigen Menschen"

Die Anschaffung eines Halters will bestens überlegt sein!

01

Welche Einstellung hast du zur Nachbarschaft?

Schön, aber nicht unbedingt ein Muss, ist eine eher ländliche Gegend, in der sich viele Nachbargärten mit Komposthaufen befinden, denn als Beagle ist man mit den Komposthaufen der Nachbarn gerne per du. Man muss sich schließlich um ein gutes Verhältnis zur Nachbarschaft bemühen, und auch der Mensch wird davon profitieren.

Menschen sind bekanntlich ziemlich taub auf der Nase. Dennoch stellen sie sich bei manchen Duftnuancen an. Wie gehst Du damit um?

Ein weiteres wichtiges Kriterium bei der Halterwahl ist die geruchliche Belastbarkeit. Er sollte keine Probleme mit dem Odeur von Aas, Fuchshinterlassenschaften oder anderen leckeren Aromen hinter unseren Schlappöhrchen haben – und wenn doch, dann sollte er wenigstens empfänglich für den herzerweichenden Beagleblick sein und uns trotzdem Asyl in seinem Bett gewähren. Wusstet ihr übrigens, dass der liebe Gott uns diesen Blick nur gegeben hat, weil wir sonst, bei allem was wir anstellen, schon längst ausgestorben wären? Die Evolution ist eine feine Sache und im Lauf der Jahrhunderte wurde der Beagleblick perfektioniert. Funktioniert bei jedem Menschen – garantiert!

Was hältst du von einer Mehr-Mensch-Haltung?

Von Vorteil ist auch ein Zuhause, in dem sich viele menschliche Groupies und ggf. auch hundliche Artgenossen finden, sodass keine Langeweile aufkommt. Im Gegenzug sorgen wir auch für Stimmung in der Bude! Was gibt es Schöneres, als ein Spiel quer über Bänke und Tische?! Und auch die neue Couch soll sich nicht langweilen.

Wenn man all das vor der Anschaffung seines Halters beachtet, steht einem harmonischen Zusammenleben nichts im Wege, und auch mit der Erziehung des Menschen sollte dann alles ohne größere Probleme klappen. Und wenn es zwischendurch mal etwas zäh läuft, nimm Dir ein Snickers und denke daran: Es ist noch kein Meister vom Himmel gefallen!

02

04

03

01 *Meier macht sich Gedanken, was ein Beaglehalter mitbringen sollte.*

02 *Kreative Wohnraumumgestaltung sollte kein Problem sein …*

03 *… Schmutz genauso wenig!*

04 *Anstelle einer Couch geht auch mal eine Hängematte.*

HERZENSBRECHER UND FREIGEISTER

— *Ein Leben mit Beagle*

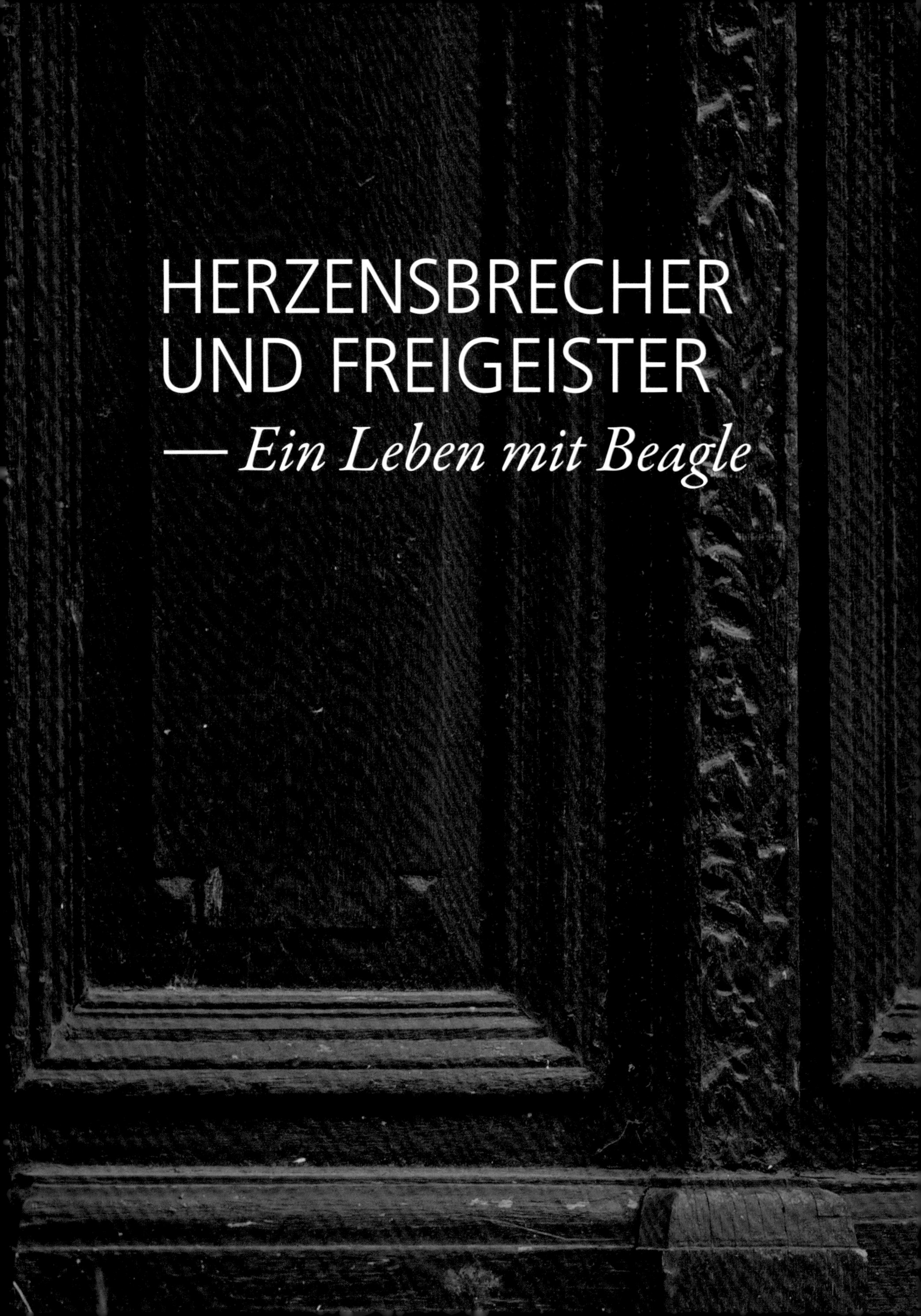

EIN BEAGLE SOLL ES SEIN! WELCHER?

Sie haben sich also entschieden, trotz aller Warnungen, eine Biotonne auf vier Pfoten bei sich aufzunehmen? Ich gratuliere Ihnen zu diesem Entschluss – auch wenn die nächsten 10 – 15 Jahre nichts mehr so sein wird, wie es bisher war. Gepflegte Langeweile ade, denn es gibt Hunde, und es gibt Beagles, sagt man …

MACHO ODER ZICKE?

„Is' das ein Rüde?" oder „Achtung, das ist ein Rüde!" schallt es einem auf Spaziergängen oft schon von weitem entgegen. Aber was soll man mit dieser Information anfangen? Sind Rüden wirklich anders als Hündinnen? Oder sind sie das nur in den Köpfen der Halter?
Hündinnen wird nachgesagt, dass sie ruhiger, anhänglicher und sanfter seien als Rüden. Sogar eine leichtere Erziehbarkeit wird aufgrund des Geschlechts angenommen.
Ganz anders bei den Rüden: Ihnen unterstellt man, dass sie „dominant" seien, sich nur ungerne unterordnen und eine „harte Hand" benötigen, um nicht über die Stränge zu schlagen. Außerdem scheinen viele Hundehalter der Meinung zu sein, dass es unter Rüden häufiger zu einer Aggression gegenüber gleichgeschlechtlichen Artgenossen komme, und aus dieser Annahme resultiert auch die oft gestellte Frage „Ist das ein Rüde?". Doch was ist dran an den Mythen rund um die Geschlechtsunterschiede beim Hund?

Auch Rüden können entspannt sein!

EINFLUSS DER SEXUALHORMONE

Zunächst einmal ist ein Hund ein Hund, mit all seinen individuellen Eigenschaften und seiner ihm eigenen Persönlichkeit. Genauso wie es verträgliche und unverträgliche Rüden gibt, gibt es auch verträgliche und unverträgliche Hündinnen. Dazu kommt, dass beide Geschlechter sehr häufig kastriert werden, was einen weiteren Einfluss auf das Verhalten nimmt. Auch der Zeitpunkt der Kastration beeinflusst die weitere (Verhaltens-) Entwicklung. Und dennoch beeinflussen die (Sexual-)Hormone das Verhalten, und das sogar bereits vorgeburtlich: Liegt eine Hündin im Mutterleib zwischen zwei männlichen Embryonen, so bekommt sie bereits dort mehr von dem männlichen Sexualhormon Testosteron mit auf den Weg, als eine, die zwischen zwei Hündinnen liegt. Dieses vorgeburtliche Testosteron bewirkt, dass die Hündin später etwas „rustikaler" sein wird, was man ihr zum Beispiel beim Spielverhalten anmerken wird. Eventuell wird sie auch beim Markieren jedem Rüden in der Höhe des Beinhebens Konkurrenz machen, und man wird ihr das vorgeburtliche Testosteron sogar ansehen: Solche Hündinnen sind in der Regel kräftiger gebaut und besser bemuskelt, als Hündinnen ohne den vorgeburtlichen Testosteron-Einfluss.

MUSKELPROTZE

Womit wir bei einem deutlichen Unterschied zwischen Rüden und Hündinnen wären: Das männliche Sexualhormon Testosteron wirkt anabol, also muskelaufbauend. Und unkastrierten Rüden sieht man das auch an: Sie haben vor allem im Bereich des Schultergürtels, der Oberschenkel und des Halses eine ausgeprägtere Bemuskelung als Hündinnen. Und ich liebe die dicken Beagle-Rüdenschädel! Bei anderen Tierarten ist das noch deutlicher zu beobachten: Auch der Hengsthals und der Stiernacken werden durch Testosteron gebildet. Der besser ausgebildete Stützapparat aus Muskeln und Bindegewebe und die dazu vorhandene höhere Robustizität der Knochen sind auch der Grund, warum das Risiko für einen Kreuzbandriss (und weitere orthopädische Probleme) nach der Kastration ansteigt.

Rüden sind in der Regel kräftiger als Hündinnen.

Entspanntes Spiel unter Rüden

Markieren ist Rüdenpflicht!

BEREITSCHAFT ZUR BINDUNG

Was die Bereitschaft zur Bindung angeht, sind in Studien keine signifikanten Unterschiede zwischen den Geschlechtern nachgewiesen worden – im Gegensatz zu anderen Tierarten. Allerdings führt die asexuelle Paarbindung der Caniden dazu, dass sich Hündinnen oft enger an den Halter und Rüden enger an die Halterin binden. Entgegen dem, was gemeinhin angenommen wird, haben sich Rüden zum Beispiel in den Untersuchungen zur Persönlichkeit von Hunden (Arbeitsgruppe um Adam Miklosi) etwas geselliger gezeigt als Hündinnen. Auch sind Rüden etwas explorativer, also erkundungsfreudiger. Im Schnitt sind die Streifgebiete von Rüden um 10 – 15 % größer als die von Hündinnen. Bei der Verteidigung von Ressourcen haben Hündinnen die Nase vorne, das haben verschiedene Untersuchungen gezeigt. Auch die Jungtierverteidigung wird von Haushündinnen viel massiver gezeigt als von den Rüden, was auch verständlich ist, wenn man sich anschaut, wie viel Energie eine Hündin in die Trächtigkeit und in die Aufzucht der Jungtiere steckt, im Gegensatz zum Rüden. Andere Aggressionsformen unterscheiden sich kaum. Im Bereich der Paarung fahren beide Geschlechter allerdings unterschiedliche Strategien: Rüden verteidigen rund um die Läufigkeit speziell die an sie gebundene Partnerin, während Hündinnen generell mehr statusbezogen agieren und Rangtieferen gegebenenfalls auch präventiv „eins auf die Mütze geben". Das spiegelt auch meinen persönlichen Eindruck wider, dass Hündinnen oft zickiger sind, während bei den Rüden meist viel heiße Luft um nichts im Spiel ist. Während Rüden sich oft sehr lange streng ritualisiert verhalten, eskaliert es meiner Erfahrung nach bei Hündinnen schneller.

Die Rüden Polonaise – oder Meiernaise?!

PERSÖNLICHE VORLIEBEN

Ich wollte ursprünglich immer einen Rüden, aber nachdem ich dann zwei Hündinnen bekam, fand ich diese viel toller. Bis Meier hier einzog… Inzwischen ist es mir egal, denn beide Geschlechter haben ihre Vor- und Nachteile.

Ich denke, die Tatsache, dass Meier ein außerordentlich souveräner Hund ist, der weiß, was er will (und das ist selten das, was ich will!), ist mehr seiner Persönlichkeit als seinen Klöten zuzuschreiben. Andra hingegen ist wesentlich zurückhaltender, eher Beagle-untypisch, aber das liegt an ihrer Vergangenheit als Laborantin und nicht an ihrer Weiblichkeit. Ich kenne nämlich ebenso sehr souveräne Hündinnen und zurückhaltende Rüden.

Prinzipiell sind die Hündinnen eher etwas kleiner und zierlicher, und haben nicht die dicken Rüdenschädel, die ich so liebe.

LÄUFIGKEIT

Hündinnen werden ein- bis dreimal im Jahr läufig, und als Mensch muss man in dieser Zeit aufpassen, dass sie nicht von einem findigen Rüden (und das sind die Herren alle, wenn die Weiblichkeit lockt!) gedeckt wird. Mit nächtlichen Beagle-Arien vor der Terrassentür muss man rechnen. Und wenn die Hündin nicht zuverlässig abrufbar ist, heißt es für die paar Wochen im Jahr draußen „online" – sprich Leine dran als Verhüterli. Dasselbe gilt natürlich für nicht abrufbare Rüden. Aber das ist für viele Beaglehalter sowieso Alltag, ganz unabhängig vom Zyklusstand.

In der Läufigkeit verliert die Hündin ein paar Tropfen Blut, allerdings halten sich die meisten Hündinnen gut sauber. Ich empfinde das Leben mit einer läufigen Hündin nicht als besonders stressig, und das, obwohl ich auch einen intakten Rüden im Haus habe.

WENN DÜFTE LOCKEN

Ein Rüde wird nicht läufig, aber reagiert, wie gesagt, unter Umständen auf die Damenwelt in seiner Umgebung. Es kann also sein, dass er – wenn ein Duftmolekül einer läufigen Dame aus dem Nachbarort vorbeifliegt – nicht mehr ansprechbar ist und sogar Hasen links liegen lässt. Für viele Rüden ist das Schnüffeln und Markieren draußen immens wichtig, quasi Facebook für Hunde. Allerdings kenne ich auch Hündinnen, die ihren männlichen Artgenossen hierbei in nichts nachstehen.

Ich glaube, pauschal kann man keine Empfehlungen für ein Geschlecht geben, beides hat Vor- und Nachteile, und dazu kommen große individuelle Variationen.

Wenn Jungspunde nicht hören wollen, gibt es einen Satz heiße Ohren.

JUNGER HÜPFER ODER ALTER KNACKER?

Für die meisten Hundehalter stellt sich die Frage gar nicht, weil Welpen ja „so süß" sind. Das sind sie in der Tat – und dazu noch unglaublich anstrengend, schuhzerstörend und stuben- unrein, vor allem, wenn es sich um Welpen der Rasse Beagle handelt …

Auch hier hat beides Vor- und Nachteile. Bei einem Welpen haben Sie die Erziehung in der Hand, das heißt aber auch, dass Sie alles verbocken (oder verbeageln?) können. Sie können natürlich auch alles richtig machen und so einem Welpen optimale Startbedingungen ins Hundeleben bieten. Denn auch ein Beagle ist die Summe der Erfahrungen, die er in seinem bisherigen Leben gemacht hat, und so kann im ersten Lebensjahr entweder einiges in die Hose gehen, oder es können die richtigen Weichen gestellt werden.

Eine zuverlässige Persönlichkeitseinschätzung ist bei einem Hund erst ab mindestens dem 18. Lebensmonat möglich. Wenn Sie sich also für einen älteren Beagle entscheiden, wissen Sie genau, mit wem Sie es zu tun haben, wie ausgeprägt zum Beispiel seine Jagdleidenschaft ist, wie gut er sich kontrollieren lässt oder wie verträglich er zum Beispiel mit Katzen oder Kindern ist. Und wenn Sie Glück haben, ist er bereits stubenrein und kennt sogar die Grundkommandos. In diesem Fall kaufen Sie also nicht den Beagle im Sack, sondern ein weitgehend fertiges Lebewesen mit all seinen Ecken und Kanten.

Bei einem Welpen sollte auf jeden Fall beachtet werden, dass er sehr viel Arbeit macht, denn er muss die Welt kennenlernen, muss lernen, dass man nichts kaputtmachen darf und seine Geschäfte draußen erledigt, wie man mit Artgenossen umgeht etc. Auf der anderen Seite ist es ja auch schön, für die Macken des Hundes selbst verantwortlich zu sein …

Vielleicht sind das für Sie Denkanstöße, die Sie auch einen älteren Hund wenigstens in Betracht ziehen lassen, denn davon gibt es mehr als genug, die sehnlichst auf ein eigenes Zuhause warten. Ich habe meine Gebrauchten noch keine Sekunde lang bereut.

UND WOHER?

Nun stellt sich die Frage, woher der neue Mitbewohner kommen soll. Die Möglichkeiten reichen vom Tierheim über Kleinanzeigen, Hunden aus dem Ausland oder dem Labor bis hin zum Züchter. Zunächst sollte man sich die Frage beantworten, ob es ein Welpe oder ein erwachsener Hund sein soll, ein Neuer oder ein Gebrauchter.

LABORBEAGLES

Beginnen wir mit der Gruppe an Beagles, die mir persönlich am meisten am Herzen liegt, den ehemaligen Laboranten, die nach getaner Arbeit in die große, weite Welt entlassen werden. Denn nach wie vor sind ein Großteil aller Laborhunde Beagles, was auf viele rassetypische Eigenschaften, die sie leider dazu prädisponieren, zurückzuführen ist. Da ist zum einen die typische Verträglichkeit und Robustheit von Meutehunden, die man dadurch auch im Labor problemlos in der Gruppe halten kann, dazu kommt die Anspruchslosigkeit bezüglich der Fütterung, eine praktische Größe und die Freundlichkeit gegenüber dem Menschen.
Leider werden bis heute, auch für Kosmetika, viele Versuche an Tieren gemacht. Ob es wirklich ganz ohne Tierversuche gehen würde, vermag ich nicht zu beurteilen, aber auf jeden Fall ist es eine schöne und sinnvolle Aufgabe, einem ehemaligem Laborhund zu zeigen, dass das Leben nicht nur aus gekachelten Räumen und weiß oder grün gekleideten Menschen besteht. Ich selbst habe ja mit Andra auch eine ehemalige medizinisch-wissenschaftliche Assistentin, auch wenn sie bereits mit wenigen Wochen das Labor verlassen hat.

Anfangs sind Laborbeagles oft etwas unsicher…

…das legt sich aber meist schnell.

Im Leben angekommen: Ehemalige Laboranten können auch ein ganz normales Hundeleben führen.

Überraschend ist, wie schnell sich die meisten Laborbeagles in der großen, weiten Welt zurechtfinden und das Leben in vollen Zügen genießen. Dabei kommt ihnen sicherlich das typische Beaglegemüt zugute. Mit vielen anderen Rassen wäre so etwas gar nicht vorstellbar.

VERMITTLUNG NACH GETANER ARBEIT

Zum Glück sind inzwischen viele Unternehmen dazu übergegangen, Laborhunde nach getaner Arbeit zu vermitteln, und es gibt auch immer wieder junge Beagles aus den Laborzuchten, die gar nicht an Versuchen teilgenommen haben, sondern „übrig geblieben" sind, weil sie nicht benötigt werden.

Beagles, die das Labor verlassen, werden vorher tiermedizinisch untersucht, entwurmt und geimpft, sodass Sie keine Angst haben müssen, ein krankes Tier zu übernehmen. Dennoch kann ein Laborbeagle natürlich im Laufe seines Lebens genauso erkranken, wie beispielsweise ein Hund vom Züchter. Wenn Sie sich für einen Laborbeagle interessieren, finden Sie im Internet verschiedene Tierschutzorganisationen, die sich auf die Vermittlung ehemaliger Laborhunde spezialisiert haben. Dort wird man Sie auch aufklären, was Sie erwartet, wenn Sie einen Laborbeagle zu sich nach Hause holen. Allerdings möchte man auch Aufklärung über Sie und Ihre Lebensumstände, um zu wissen, wohin man einen Hund vermittelt. Sie werden also vermutlich Besuch für eine „Vorkontrolle" bekommen. Das ist übrigens bei allen Tierschutzhunden gang und gäbe.

Eine gute Möglichkeit, sich über Laborhunde zu informieren, sich mit Haltern auszutauschen und sich anzuschauen, wie fröhlich und lebenshungrig diese Hunde nach ihrem harten Alltag im Labor sind, bieten die Laborbeagletreffen, die von den vermittelnden Vereinen regelmäßig veranstaltet werden.

LABORBEAGLES

— *Ein Interview mit Klaus Listmann*

Klaus Listmann ist 1. Vorsitzender des Vereins „Tiere in Not Ennepetal e. V.". Er vermittelt seit mittlerweile über 10 Jahren Hunde aus dem Labor und ist selbst Beaglehalter.

Klaus, Du nimmst Dich über den Verein „Tiere in Not Ennepetal" seit vielen Jahren der Beagles aus den Laboren an. Wie viele Beagles konntet Ihr über die Jahre in ein neues Zuhause vermitteln?

Seit dem Beginn, 1992 als „Interessengemeinschaft Tiere in Not" und Gründung des Vereins „Tiere in Not Ennepetal e.V." in 2006, durften bisher mehr als 3 300 Hunde, vorrangig Beagle, das Labor verlassen und zu Familien und Einzelpersonen vermittelt werden.

Beagletreffen können ganz schön anstrengend sein!

Haben sich alle gut in ihr neues Zuhause eingelebt? Wo liegen die Hauptprobleme, wenn welche auftreten? Wie lange dauert es in der Regel, bis ein Laborbeagle im Leben „angekommen" ist?

Die Hunde haben sich meines Wissens alle gut eingelebt. Die einen schnell, andere brauchen etwas länger dafür. Der ein oder andere legt eine gewisse Ängstlichkeit nie ganz ab. Ebenso ist es mit der Stubenreinheit, manche sind binnen weniger Tage stubenrein, andere brauchen Wochen oder auch mal ein paar Monate, was aber eher selten ist. Manche haben ein Problem mit dem Autofahren, werden dieses auch nie richtig los.

Man sollte sich vor Augen halten, dass ein Laborbeagle auch ein Beagle ist und dementsprechend ausgelastet werden muss, sonst kann es dazu kommen, dass er zum Innenarchitekt wird und die Wohnung etwas umdekoriert. Auch sollte man ihn nicht als „armen Hund" behandeln, sondern wie jeden anderen „normalen" Hund.

Man holt sich am Anfang einen Beagle, der meist auf dem Stand eines Welpen ist. Wie lange es dauert, bis ein Laborbeagle im Leben angekommen ist, ist schwer zu sagen, aber von einem halben Jahr bis zu 2 Jahren, in besonderen Fällen gar länger, kann man ausgehen. Es kommt natürlich auch darauf an, was und wie viel mit dem Hund unternommen wird.

Austausch unter ehemaligen Kollegen: Bei regelmäßigen Laborbeagletreffen können die Hunde spielen.

Welche Ansprüche habt Ihr an die neuen Halter?

Wir haben keine besonderen Ansprüche. Der Hund sollte nicht länger als max. 4 Stunden alleine sein und die neuen Besitzer sollten natürlich Zeit, Geduld und Einfühlungsvermögen haben. Ferner sollten sie Tipps und Ratschläge annehmen können, allerdings weiß man dies leider nicht immer im Voraus.

Steht Ihr den neuen Besitzern bei Problemen mit Rat und Tat zur Seite?

Die neuen Besitzer werden von uns gründlich vorbereitet und wir stehen auch nach der Übernahme dauerhaft mit Rat und Tat zur Seite. Doch leider kommt es auch hier und da mal vor, dass sich die Besitzer erst melden, wenn das Kind schon in den Brunnen gefallen ist und nicht schon dann, wenn man bemerkt, dass sich etwas anbahnt.

Weiß man, welche Versuche an den Tieren gemacht wurden? Kennt Ihr die Tiere persönlich und könnt Ihr den zukünftigen Haltern etwas über die verschiedenen Charaktere sagen?

Wir arbeiten zwar eng mit den Laboren / Instituten zusammen und haben ein gutes Vertrauensverhältnis, aber wissen auch nur selten, in welchem Versuch die Tiere genau waren. Wir sehen die Tiere bei der Abholung im Labor / Institut zum ersten Mal und können somit auch nichts zu den Hunden sagen. Wir bekommen aber vorab Bilder und eine Kurzbeschreibung zum Alter, Charakter und Verhalten der Hunde. Allerdings kann es vorkommen, dass der Hund sich nachher in Freiheit, mit größerem Areal, anders verhält als im Labor / Institut.

Wir holen die Tiere im Labor ab und bringen sie auf direktem Weg in ihr neues Zuhause. Das ist sehr zeitaufwendig und kostspielig, erspart den Tieren aber die unschöne Zwischenstation in einem Tierheim.

Wie sind Eure Erfahrungen bezüglich der Jagdleidenschaft bei ehemaligen „Laboranten"?

Auch hier gibt es Unterschiede, wie beim „normalen Beagle" auch. Die einen haben Jagdtrieb, andere nicht. Bei den kleineren Beagles – Marshall Beagle, wegen ihrer geringeren Größe auch gerne Pocket Beagle genannt – ist der Jagdtrieb meist weniger ausgeprägt und diese können nach Eingewöhnung auch oft ohne Leine laufen.

Hat Euer Verein auch einen politischen Ansatz? Wie ist Deine persönliche Einstellung zu Tierversuchen?

Pro und Contra von Tierversuchen ist für uns kein Thema, dafür gibt es die bundesweite Organisation der Tierversuchsgegner. Wir sind leise und in keiner Weise radikal, wir wollen lediglich diesen Tieren, die im Dienste der Medizin gestanden haben, ein gutes Weiterleben ermöglichen.

01

02

01 Gemeinsam zur Jagd, im Pulk geht es an den Start der Schleppe.

02 Die Sozialverträglichkeit haben die Meutebeagles bereits unter Beweis gestellt!

03 Kontrolliertes Jagen ist auch in einer Meute die Devise! Wer häufig aus der Reihe tanzt, wird ausgemustert.

04 Eine geringe Futteraggression ist Voraussetzung für das Leben in einer Meute. Aber auch, sich möglichst schnell ein großes Stück zu sichern.

04

MEUTEBEAGLES

— Ursprung der bunten Hunde

03

Auch die Beaglemeuten geben regelmäßig Hunde ab, die entweder ihre Rente bei „eigenen Menschen" verbringen dürfen, oder auch junge Hunde, die für das Leben in einer Meute nicht geeignet sind. Das wiederum kann verschiedene Gründe haben, vielleicht fühlen sie sich in der Meute nicht wohl, sind ängstlich oder zeigen Futteraggression, oder sie sind für die Jagd nicht geeignet, weil ihnen entweder die Passion und die Beharrlichkeit fehlt oder – auch das kann sein – weil sie sich bei der Jagd nicht kontrollieren lassen.
Wenn Sie sich für einen Meutehund interessieren, fragen Sie bei den Beaglemeuten an, ob derzeit Hunde zur Vermittlung stehen. Die Meuteführer können Ihnen sehr viel über die einzelnen Hunde erzählen, denn sie kennen sie von klein auf und haben fast täglich mit ihnen gearbeitet. Und sie werden Sie auch ehrlich aufklären und beraten, denn wenn ein Hund nach drei Wochen zurückgebracht wird, ist niemandem damit gedient. Das ist ein großer Vorteil, denn eine genaue Einschätzung des zukünftigen Mitbewohners hilft, Probleme im Vorfeld zu vermeiden. Die Meutebeagles haben bereits ihre Sozialverträglichkeit unter Beweis gestellt, und sie haben dank langem und intensivem Training vieles gelernt, was man in einer Meute braucht. Dazu gehört auch, dass man nicht einfach unkontrolliert jagen geht, wenn man gerade Lust darauf hat, sondern erst dann, wenn man dafür freigegeben wird. Es liegt dann an Ihnen, das beizubehalten. Allerdings haben die Hunde in der Regel nicht gelernt, wie man sich in einem Haus oder in einer Stadt benimmt – was Stubenreinheit, den Umgang mit den Umweltreizen einer Großstadt etc. angeht, fangen Sie also, ähnlich wie mit einem Laborbeagle, wieder von vorne an. Das hat aber bisher noch jeder Hund gelernt.

TIERSCHUTZ

Auch in den Tierheimen und auf einschlägigen Vermittlungsseiten im Internet finden Sie regelmäßig Beagles, die abgegeben werden. Erstaunlich oft sind diese circa ein Jahr alt, also in einem Alter, in dem junge Hunde, und vor allem junge Beagles, anstrengend werden. Damit ist nun mal bei einem Beagle in der Pubertät zu rechnen, aber vielen Menschen ist das offenbar nicht bewusst. Entgegen der leider immer noch weitverbreiteten Meinung findet man im Tierschutz also nicht nur „gestörte" Hunde, sondern sehr oft Hunde, deren Halter kapitulieren und die den Hund lieber abgeben, als Zeit und Mühe in die Erziehung zu investieren. Meine Hunde sind übrigens alle aus dem Tierschutz (und alle sind toll!), denn ein Hund von einem Züchter käme für mich persönlich nicht infrage, solange es so viele Hunde gibt, die ein Zuhause suchen! Und trotzdem finde ich, dass gute und kompetente Züchter ihre Daseinsberechtigung haben, und dass es schön ist, dass wir dadurch eine solche Rassevielfalt haben.

Der ein oder andere Beagle landet auch im Tierheim …

IMPORTE AUS DEM AUSLAND

Eine Sonderrolle im Tierschutz spielen die zahlreichen Importhunde aus dem Ausland. Auch unter ihnen findet man immer mal wieder einen Beagle. Sollten Sie sich für einen Hund aus dem Ausland interessieren, fragen Sie die vermittelnde Organisation auf jeden Fall nach einem Test auf die sogenannten „Auslandskrankheiten" (Infektionskrankheiten aus dem Mittelmeerraum), um hinterher keine bösen Überraschungen zu erleben. Außerdem sollte der Hund bereits in Deutschland auf einer Pflegestelle sein, und nicht „per Katalog im Internet" bestellt werden, um eine verlässliche Aussage über seine Stärken und Schwächen machen zu können. Informieren Sie sich gut über die vermittelnde Tierschutzorganisation, denn auch im Auslandstierschutz gibt es viele schwarze Schafe …

Beaglewelpen bei einem kompetenten Züchter. Hier werden die ersten Weichen fürs Leben gestellt.

ZÜCHTER

Wenn Sie sich für einen Hund vom Züchter entscheiden, sollten Sie sich ausreichend Zeit für die Suche nach diesem nehmen! Denn viele „Züchter" vermehren Hunde, anstatt gezielt zu züchten. Masse statt Klasse ... Ein kompetenter Züchter achtet genau darauf, welche Hunde er miteinander verpaart, seine Zuchthunde leben mit in der Familie und nicht im Zwinger, und sie haben alle notwendigen Gesundheitsuntersuchungen. Er wird Sie zu sich einladen, damit Sie die Hunde anschauen können, und dann entscheiden, ob einer seiner Hunde für Sie geeignet ist. Ein Hund vom Züchter hat natürlich seinen Preis, weil der Ausstellungsbesuch mit den Hunden, die ganzen Gesundheitsuntersuchungen, Decktaxe, Welpenaufzucht etc. nicht billig sind. Dafür haben Sie die größtmögliche Sicherheit, dass Ihr zukünftiger Hund keine Erbkrankheiten hat. Größtmöglich deswegen, weil es auch hier keine Garantie gibt. Auch ein Hund von einem Züchter kann zum Beispiel eine Hüftgelenksdysplasie (hier gibt es nicht nur erbliche Faktoren, die zu dieser Erkrankung führen), Probleme mit dem Rücken, Allergien oder Epilepsie haben.
Und leider wird auch bei anerkannten Züchtern nicht immer mit offenen Karten gespielt, und Hunde mit Epilepsie oder einer Schilddrüsenunterfunktion gehen trotzdem in die Zucht, weil manchmal das Prestige (oder der schnöde Mammon?) mehr zählt, als ein gesunder Hund. Würde sich jeder Züchter gut informieren und die Gesundheit der von ihm gezüchteten Hunde höher stellen als den Rassestandard, gäbe es viele Krankheiten in vielen Linien nicht mehr ...

BEI EINER ZÜCHTERIN
— *Ein Interview mit Sabine Matok*

Die Beaglezüchterin Sabine Matok teilt ihr Zuhause und ihr Leben mit den vier Beagles Brownie, Peanut, Holly und Vanilla und züchtet unter dem Zwingernamen „Beagles von der Theresienhöhe".

Wie bist Du auf den Beagle gekommen?

Wir wollten einen aktiven, lustigen Hund, der für jeden Spaß zu haben ist. Die Rasse sollte nicht zu groß, dabei aber dennoch ein „richtiger" Hund sein. Der Hund sollte als Reitbegleithund geeignet sein. Nach langer Recherche fiel die Wahl auf den Beagle.

Warum fiel die Entscheidung, diese Rasse zu züchten?

Nach kurzer Zeit als „nur Beaglehalter" wuchs der Wunsch, diese tolle Rasse zu züchten. Da allgemein in der Zucht vieles falsch läuft, stand für meinen Lebensgefährten und mich fest, dass wir einen gesunden, aktiven und sportlichen Familienhund züchten wollen, der nicht zu viel „Masse" mitbringt, aber dennoch stets als Beagle erkennbar ist. Von der Übertypisierung, wie sie oft zu sehen ist, distanzieren wir uns.

Worin siehst Du die Vorteile der Rasse?

Ideale Größe, liebenswürdiger Charakter, aktiv, sportlich, lustig.

Und was sind die Nachteile?

Der Beagle kann sehr eigensinnig sein. Man braucht oftmals großes Durchhaltevermögen und auch als Mensch eine ordentliche Portion Humor. Wer einen „einfachen" Hund möchte, der wenig Arbeit macht, ist mit einem Beagle nicht gut bedient.

Worauf sollte ein Beaglekäufer achten?

Er sollte unbedingt darauf achten, wie und wo die Welpen aufgezogen werden. Im Idealfall wachsen die Welpen im Haus inmitten der Familie auf und haben freien Zugang zum Garten. Die Elterntiere sollten wesensfest sein, d.h. nicht überängstlich oder gar aggressiv.

Wichtig ist auch, dass die Elterntiere die wichtigsten Genuntersuchungen vorweisen können, denn das kann die Welpen und die zukünftigen Halter vor viel Leid bewahren.

Der Züchter sollte absolute Transparenz aufweisen, d.h. Einblick in alle Unterlagen gewähren, er sollte Fachwissen besitzen und den zukünftigen Beaglehaltern ein Hundeleben lang mit Rat und Tat zur Verfügung stehen. Die Hygiene in der „Zuchtanlage" ist ein Muss, ebenso eine hochwertige Ernährung der Welpen und der Eltern und der liebevolle Umgang mit den Hunden.

Wenn die Hunde bereits als Welpen einen ängstlichen Eindruck machen, sollte man Abstand davon nehmen, dort einen Welpen zu erwerben.

Wichtig ist auch, dass man das Muttertier kennenlernen kann, da man ansonsten Gefahr läuft, einem Vermehrer zum Opfer zu fallen. Auch hat ein guter Züchter nicht am laufenden Band Welpen zur Abgabe, sondern plant seine Würfe sehr gezielt und nimmt sich viel Zeit für sie.

Worauf achtest Du bei der Auswahl der Welpenkäufer? Was sollte ein Beaglehalter mitbringen?

Wir achten darauf, dass das Hunde-Mensch-Team möglichst optimal zusammenpasst. Auf jeden Fall müssen unsere Interessenten den richtigen „Biss“ mitbringen. Wir verlassen uns bei der Wahl unserer Welpenkäufer zum einen auf unseren Rüden Peanut, der bereits mehrfach seine sehr gute Menschenkenntnis unter Beweis gestellt hat, zum anderen aber auch auf unser eigenes Bauchgefühl. Interessenten, die auf die Frage, warum es ausgerechnet ein Beagle sein soll, mit „weil die so hübsch sind“ antworten, haben schon verloren. Ebenso „Spontankäufer“.

Zudem streben wir ein persönliches Kennenlernen mit den zukünftigen Haltern an, bevor die Welpen auf der Welt sind.

Ist der Beagle ein „Anfängerhund“?

Grundsätzlich würde ich ja sagen. Wichtig ist aber, dass der Welpeninteressent vom Züchter gut vorbereitet wird, und sich selbst auch gut informiert. Wer den Beagle akzeptiert, wie er ist, ein aufgeweckter, lustiger, eigenwilliger, kleiner Clown mit mehr oder weniger ausgeprägtem Jagdtrieb, der hat sicher viel Freude an dieser tollen Rasse.

Welche Gesundheitsuntersuchungen sind für Beagles vor dem Zuchteinsatz vorgeschrieben?

Eine allgemeine Untersuchung des Gesundheitszustandes (u.a. Augen, Gebiss) und eine Untersuchung auf die Hüftgelenksdysplasie. An Gendefekten sollte man auch auf das Imerslund-Gräsbeck-Syndrom testen lassen. In einigen Vereinen ist dies eine Pflichtuntersuchung, aber leider nicht in allen. Des Weiteren gibt es Züchter, die freiwillig auch auf weitere Gendefekte testen.

Wer kann diesem Charme widerstehen?

Glückliche Kindheit mit den Geschwistern …

… und im Spiel mit der Mutter.

VERMEHRER

Durch die große Nachfrage nach den bunten Hunden wird auch sogenannten Vermehrern Tür und Tor geöffnet. Hier geht es dann nur noch um Masse, nicht mehr um Klasse, um den Markt zu bedienen und das schnelle Geld zu machen. Bitte nehmen Sie unbedingt davon Abstand, einen

Checkliste

WIE SIE EINEN „ECHTEN ZÜCHTER" VON EINEM VERMEHRER UNTERSCHEIDEN KÖNNEN:

Ein Züchter ...

- ☐ steht Ihnen jederzeit (vor und nach dem Kauf) mit Rat und Tat zur Seite
- ☐ kann Sie über die Eigenschaften und Besonderheiten des Beagles informieren
- ☐ wird Sie ehrlich(!) beraten
- ☐ will auch über Sie einiges wissen und Sie kennenlernen, bevor er Ihnen einen seiner Hunde anvertraut
- ☐ hat maximal zwei Zuchthündinnen und nicht einen ganzen Stall voll
- ☐ man kann die Mutterhündin und die Welpen besuchen
- ☐ die Welpen werden nicht vor der 8. Woche abgegeben, oft erst mit 10 Wochen
- ☐ die Welpen haben bereits einiges kennengelernt
- ☐ „züchtet nicht quer durch ein Rasselexikon, sondern maximal 2 Rassen
- ☐ gibt seinen Hündinnen zwischen den Würfen ausreichend Zeit – mindestens ein Jahr!
- ☐ die Welpen sind alle gesund, gechipt, entwurmt und, soweit möglich, geimpft
- ☐ er macht einen ordentlichen Kaufvertrag mit Ihnen und behält sich das Recht vor, den Hund, sollte er sein Zuhause verlieren, wieder zu sich zu nehmen.
- ☐ Er züchtet gute Hunde!

...bei einem Vermehrer werden Sie all das vergeblich suchen ...

Hüten Sie sich vor der Mitleidsfalle!

Hund aus einer solchen „Zucht" zu erwerben! Passen Sie auf, dass die Mitleidsfalle bei Ihnen nicht zuschlägt, denn viele dieser Vermehrer leben davon, dass man einen armen Hund aus Mitleid kauft – und somit Platz für den nächsten schafft. An der Situation ändert ein Mitleidskauf also gar nichts.
Sie sollten jederzeit die Möglichkeit haben, die Mutter der Welpen anzuschauen, und sich ein genaues Bild von der Haltung der Hunde zu machen. Ein guter Züchter hält seine Hunde mit Familienanschluss im Haus. Es geht gar nicht darum, dass ein Hund Papiere haben muss, denn von Papieren kann man sich nichts kaufen, aber es geht um möglichst gesunde Elterntiere und eine vernünftige Aufzucht der Welpen. Glauben Sie mir, wenn Sie einen Hund aus falscher Aufzucht kaufen, werden Sie das ein Hundeleben lang bereuen! Und das gesparte Geld werden Sie in vielen Fällen ganz schnell direkt zum Tierarzt bringen ...

VON FLECKENZWERGEN UND SCHUHZERSTÖRERN. DER WELPE

Es gibt wohl nur eines, was süßer ist als ein Hundewelpe, und das ist ein Beaglewelpe! Wahrscheinlich gibt es auch kaum etwas Anstrengenderes ... Da es aber gilt, den Fokus auf das Wesentliche zu richten, lassen wir an dieser Stelle kaputt gebissene Schuhe, von Welpenzähnchen malträtierte Hände und Beagle-Hinterlassenschaften auf dem Teppichboden außen vor. Falls Sie sich für einen Welpen entschieden haben, gratuliere ich Ihnen zunächst zu Ihrem Zuwachs – genießen Sie die Zeit, sie geht viel zu schnell vorüber.

WAS BISHER GESCHAH

Jeder Welpe bringt beim Einzug in sein neues Zuhause seine ganz individuelle Vorgeschichte mit, und auch wenn diese wahrscheinlich in den seltensten Fällen so dramatisch ist, wie die von Klein-Brandra, so hinterlässt sie Spuren. Denn jeder Hund hat in seinem kurzen Erdendasein bereits eine ganze Menge Erfahrungen gemacht und Vieles gelernt. Vom Tag der Geburt an, muss er sich mit seiner Umwelt auseinandersetzen, mit ihr interagieren und reagiert, gemäß seiner genetischen Anlagen auf die unterschiedlichen Reize, mit denen er konfrontiert wird. Wichtig zu wissen ist, dass die Grundlagen für die spätere Persönlichkeitsentwicklung des Welpen noch früher, nämlich bereits im Mutterleib, beginnen. Ein neugeborener Welpe ist also kein unbeschriebenes Blatt. Der Welpe, der zu Ihnen ins Haus kommt, ist die Summe seiner bisherigen Erfahrungen. Sein Verhalten ist zu 100 Prozent genetisch bedingt und zu 100 Prozent erlernt. Diese Erklärung erscheint auf den ersten Blick paradox oder zeugt von katastrophalen Rechenkünsten der Autorin, entspricht aber der Wahrheit. Eines bedingt das andere. Zwischen einem Welpen und seiner Umwelt kommt es ständig zu Wechselwirkungen. Basierend auf seinen genetisch fixierten und disponierten Anlagen reagiert er auf die unterschiedlichsten Umweltreize, macht dadurch Lernerfahrungen und passt sich so, übrigens auch ohne einen menschlichen Einfluss, den unterschiedlichsten Lebenssituationen an.

Am Anfang sind sie alle harmlos ...

Beagle bleibt Beagle – das steckt in seinem genetischen Gepäck.

VERTAUSCHTE WELPEN

Das kleine Fleckvieh, das gerade eventuell vor Ihnen sitzt, ist also keinesfalls ein unbeschriebenes Blatt. Bis es bei Ihnen einzieht, ist schon viel Entscheidendes in seinem Leben passiert, das sich nicht mehr ändern lässt. Denn jeder Hund ist das Produkt seiner Gene und der Umwelt, in der er lebt. Nur Zweiteres, nämlich die Umweltbedingungen, in denen Ihr Welpe aufwächst, und die Erfahrungen, die er in seiner Umwelt sammelt, können Sie beeinflussen – und sollten es auch! Denn dadurch können Sie dazu beitragen, dass Ihr Beagle ein „typischer Beagle" wird – freundlich, verträglich, stressresistent und souverän. Denn Beagle wird er dann von ganz alleine.

Das zeigt folgender Versuch: Zum Beweis der Erblichkeit von Verhaltensmerkmalen wurden von James (1951) Beagle- und Terrierwelpen in den ersten Lebenstagen ausgetauscht. Die Terrierhündin behielt drei eigene Welpen und bekam drei Beagles dazu, und umgekehrt. Der Versuch diente der Abgrenzung von erlernten und erblichen Verhaltensweisen.

Die Beobachtung der Welpen im Alter von 12 Monaten ergab, dass die Terrier in beiden Würfen sich am Futternapf in der Meute gegenüber den Beagles durchsetzten. Sie behielten unabhängig von der Umwelt (in diesem Fall die Beagle-Ersatzmutter) ihre Terrier-übliche, Kampf- und Durchsetzungsbereitschaft.

IM MUTTERLEIB

Doch zunächst machen wir einen kurzen Ausflug in den Mutterleib der Hündin, in der die Entwicklung beginnt.

Was man bei anderen Tierarten schon seit den 50er Jahren weiß, nämlich dass Ratten von Rattenmüttern, die in der Trächtigkeit Stress ausgesetzt waren, auch als Erwachsene ängstlicher und weniger stressresistent sind, ist inzwischen auch beim Hund nachgewiesen: Die Verhaltensentwicklung beginnt bereits im Mutterleib und hängt davon ab, welche Umgebung und welche Einflüsse die Hündin in der Zeit der Trächtigkeit erfährt.

Hundemütterlicher Dauerstress führt bereits in der Geborgenheit der Gebärmutter zu Veränderungen im Gehirn der Welpen. Jungtiere aus solchen Gegebenheiten kommen unsicher und mit weniger gut ausgebildeten Kompetenzen zur Welt, sie entwickeln keine wirkungsvollen Stressbewältigungsstrategien, ihre Lern- und Bindungsfähigkeit ist eingeschränkt und auf Außenreize reagieren sie oft inadäquat, also entweder mit Ängstlichkeit und Rückzug oder mit unangemessener Aggressivität. Also haben sie denkbar ungünstige Startbedingungen, die man nur mit viel Mühe, oft aber überhaupt nicht in richtige Bahnen lenken kann.

Das so oft gehörte „der ist ja noch jung, da ist noch alles drin, wir haben ja noch die ganze Prägephase vor uns“ stimmt also nur bedingt. Schade ist, dass diese Erkenntnis sich leider immer noch nicht herumgesprochen hat, ist sie doch so bedeutsam. Viele der immer häufiger werdenden Probleme mit Angst, Stress und Aggression beim Hund ließen sich vermeiden, wenn man den vorgeburtlichen Einflüssen mehr Bedeutung schenken würde.

EINFLUSS VON STRESS

Einen ganz wichtigen vorgeburtlichen Einfluss auf die Entwicklung hat Stress im Mutterleib. Vereinfacht könnte man sagen, dass das Stresshormon Cortisol, das im letzten Drittel der Trächtigkeit über die Mutterhündin in die Welpen gelangt, beim Welpen zu einem wesentlich reaktiveren Stresssystem führt. Ein Welpe, der unter solchen Bedingungen heranwächst, hat also eine andere Startposition ins Leben als einer, dessen Mutter ein behütetes Leben führt. Neben den gesundheitlichen Folgen ist das ein entscheidendes Argument gegen einen Welpen vom „Vermehrer“, denn ein solcher Welpe wird sein Leben lang viel massiver auf bereits kleine Stressoren reagieren.

Weitere Auswirkungen der ersten Lebenswochen auf das gesamte Hundeleben sind nicht weniger fatal: Es ist bekannt, dass das sogenannte Bindungshormon Oxytocin, der hormonelle Sozialkleber, den es für die Ausbildung einer Bindung braucht, bei Welpen von einer überforderten, gestressten Mutter nicht seine volle Wirkung

Hunde, die als Welpen vieles kennengelernt haben, bringt auch später nichts aus der Ruhe.

Ins Loch gefallen! – Das Erkunden der Umwelt ist für Welpen wichtig.

entfalten kann, weil dann zu wenig Bindungsstellen (=Rezeptoren) dafür gebildet werden. Also hat der Zustand der Hundemama rund um den Geburtszeitpunkt direkten Einfluss auf die Bindungsfähigkeit der Hunde. Das Oxytocin hat zugleich stressdämpfende Wirkungen, es ist also ein Gegenspieler der Stresshormone. Diese Welpen haben dem vermehrten Stress also auch weniger entgegenzusetzen.

Darum ist es so wichtig, auf die Herkunft des Hundes Wert zu legen, beziehungsweise sich, wenn man das nicht tut, darüber im Klaren zu sein, dass der Hund, der gerade bei uns eingezogen ist, jede Menge Altlasten im Gepäck hat, mit denen man sich nun arrangieren muss. Arrangieren bedeutet, dass man akzeptieren muss, dass der Hund diese oder jene Persönlichkeit und Charaktereigenschaft hat. Natürlich kann man an diesen Baustellen arbeiten, man muss es sogar, aber gewisse Dinge lassen sich eben nicht mehr ändern, wie diese Darstellungen klargemacht haben sollten. Wir sehen also, dass der Hund in vielerlei Hinsicht bereits „in den Brunnen gefallen ist", bevor er auf die Welt kommt. Darauf haben wir keine Einflussmöglichkeiten, aber das Wissen darüber ist unter Umständen nützlich, um seinen Hund besser zu verstehen, erklärt es doch vieles, was uns vielleicht sonst vor Rätsel stellen würde.

KURZTRIP DURCH DIE WELPENENTWICKLUNG

In der neonatalen Phase, die die ersten zwei Lebenswochen eines Hundes umfasst, machen die Welpen erst mal nicht viel: Sie schlafen, trinken, wachsen und setzen (mit Hilfe der Mutter) Kot und Harn ab. Außerdem schreien sie bei

Bedarf nach ihrer Mutter, und wer den Hilferuf schon mal gehört hat, wird überrascht sein, dass so kleine Würmchen bereits so viel Krach machen können. Früh übt sich ... Dieses Verhalten ist streng genetisch fixiert.
Aber bereits in diesen ersten zwei Lebenswochen passiert im zentralen Nervensystem etwas ganz Entscheidendes: Es kommt zur sogenannten Myelinisierung, sprich zur Bildung von Myelinscheiden (= Schutzhüllen) um die Nervenfasern. Dieser Prozess beginnt im Gehirn und setzt sich langsam nach hinten und unten fort. Das erklärt, warum die Motorik von Hundewelpen anfangs vorne besser funktioniert als hinten. Übrigens ist milder(!) Stress in dieser Phase vorteilhaft. Ein leicht frierender oder auch hungriger Welpe muss aktiv werden, um zum Beispiel sein Bedürfnis nach Wärme oder Nahrung (beim Beagle wahrscheinlicher!) zu befriedigen. Dabei bekommt er ganz nebenbei erstmals in seinem Leben Grundinformationen über das Prinzip des Lernens. Man könnte hier sogar von Clickertraining für Neugeborene sprechen: Der Welpe hat ein Bedürfnis, er wird aktiv und bekommt für die richtige Problemlösung eine Belohnung in Form von Wärme oder Muttermilch – je nachdem, welches Bedürfnis er gerade hat.
Außerdem fördert dieser milde(!) Stress, den der Welpe erfährt, sein Immunsystem und sorgt dafür, dass er sein Leben lang mit Stress und verschiedenen Belastungen besser umgehen kann. Und das ist eine wichtige Grundvoraussetzung für ein gesundes, glückliches, langes und zufriedenes Hundeleben.

ÜBERGANGSPHASE

Danach schließt die Übergangsphase an, die circa eine Woche dauert. Sie ist die Zeit, in der der Welpe erstmals mit seiner Umwelt in Kontakt tritt. Er öffnet die Augen und Ohren und kann ab der dritten Lebenswoche akustische und optische Reize verarbeiten.
Außerdem brechen die Milchzähne durch, mit denen Sie als zukünftiger Halter sicherlich noch Bekanntschaft und schmerzhafte Erfahrungen machen werden.

Spiel mit Mutter und Geschwistern.

SOZIALISATIONSPHASE

Nach der Übergangsphase erreichen wir eine der entscheidendsten Phasen in der Entwicklung eines jungen Hundes, die sogenannte Sozialisationsphase, die bis zum Beginn der Pubertät geht, die beim Beagle mit circa einem Dreivierteljahr erreicht wird. Keine Sorge, Ihr Beagle wird Ihnen genauestens zeigen, wann er die Pubertät erreicht hat, denn dann ist plötzlich nichts mehr, wie es war ...

In dieser gesamten Zeitspanne finden die Sozialisierung und prägungsähnliche Vorgänge statt. Entgegen der landläufigen Meinung gibt es keine echte Prägung beim Hund, weil dieser – im Gegensatz zu den Konrad Lorenz'schen Gänseküken – nicht aus dem Ei schlüpft und den Nächstbesten als „Mama" ansieht. Aber es gibt Phasen des erleichterten und belohnungsfreien Lernens, in denen bestimmte Lerninhalte quasi „im Vorbeigehen" gelernt werden. Es ist wichtig, dass Ihr kleines Beaglechen in dieser Zeit möglichst viele Umwelteindrücke erfährt, denn die Qualität und die Quantität der erfahrenen Umwelteindrücke bilden dann ein Referenzsystem aus, das bei allen Entscheidungen, denen sich der Hund in seinem gesamten Leben stellen muss, herangezogen wird. Fehlen diese wichtigen Erfahrungen, kann sich das Gehirn nicht so entwickeln, wie es eigentlich sollte, und es kommt zu sogenannten Deprivationsschäden, die nach der Pubertät kaum mehr rückgängig gemacht werden können.

DAS REFERENZSYSTEM

Der Youngster also muss in seinem Verhaltensrepertoire dieses Referenzsystem für „Bekanntes und Gewohntes" anlegen können, um sich nachher seinen Lebensumständen anpassen und sich in verschiedensten Situationen angemessen verhalten zu können. Positive Lernerfahrungen, die besonders in dieser Zeitspanne enorm wichtig sind, vermitteln dem Welpen ein Gefühl von emotionaler Sicherheit und Kontrolle über die an ihn gestellte Anforderung und stärken dadurch sein Selbstvertrauen. Darum sollte der Beagle gerade in dieser Zeit so viel positive Erfahrungen wie möglich machen, um das Risiko von eventuell später auftretendem unangemessenem Meideverhalten in alltäglichen Situationen so gering wie

Bereits um die Geburt herum werden z. T. Grundlagen für die spätere Bindungsfähigkeit gelegt.

Überfordern Sie Ihren Welpen nicht und sorgen Sie für ausreichende Ruhepausen!

möglich zu halten. Alles in dieser Zeit negativ Abgespeicherte kann weitreichende Folgen für das spätere Verhalten des Hundes haben! Passen Sie also gut auf Ihren Beagle auf und tragen Sie dafür Sorge, dass er keine für ihn nicht bewältigbaren negativen Erfahrungen macht.

ÜBERFORDERUNG VERMEIDEN

Auf der anderen Seite darf man nicht dem Irrglauben aufsitzen, dass viel viel hilft.
Für Sie als Halter ist es wichtig, dass Sie den Welpen zwar früh fördern und fordern, ihn aber keinesfalls überfordern! Den Grundstein für ein glückliches Hundeleben legen Sie in dieser ersten wichtigen Zeit! Wichtig für Ihren Hund ist es in dieser Entwicklungsphase, dass er ein breites Spektrum an Umweltreizen präsentiert bekommt, die er aktiv aufsuchen kann, wenn er will, dass er aber keinesfalls durch ein „Zuviel" überfordert wird. Denn heutzutage sieht man sehr viele überforderte Hunde – meist passiert das durch Unwissenheit des Besitzers, der es in der Regel optimal machen will und dabei oft weit über das Ziel hinausschießt. Die Dosis macht das Gift – das gilt auch hier. Also ist „montags Hauptbahnhof, dienstags Flughafen, mittwochs Fußgängerzone, donnerstags Hundeschule" etc. nicht zielführend.

DER HUND BESTIMMT DAS TEMPO

Lassen Sie Ihr Schlappohr das Tempo bestimmen, mit dem es neue Reize kennenlernen möchte. Bieten Sie ihm verschiedene Geräusche, Objekte, Menschen, Bodenuntergründe, Futtersorten usw. an, aber überlassen Sie ihm die Geschwindigkeit der Kontaktaufnahme. Denn die ist bei jedem Hund individuell sehr unterschiedlich.
Aus diesem Grund wird die Sozialisationsphase oft auch als sensible Phase bezeichnet, allerdings gibt es nicht nur die erste kritische Phase, die von der vierten bis zur 12. Lebenswoche dauert, sondern auch eine zweite zu Beginn der Pubertät, also rasseabhängig um den 6. – 9. Monat herum. Doch dazu kommen wir später noch …

FRUST LASS NACH!

Auf die Frustrationstoleranz möchte ich kurz gesondert eingehen, weil mir immer wieder Beagles begegnen, die mit Frust überhaupt nicht umgehen können und sofort lautstarke Beschwerdebriefe schreiben, wenn es mal nicht nach ihrem Kopf geht. Dabei hat sich die Biologie das sehr clever ausgedacht, denn normalerweise macht ein junger Hund quasi im Vorbeigehen erste Erfahrungen mit Frust und dem Umgang damit. Auch ein Beagle. Denn spätestens im Alter von fünf Wochen hat die Mutterhündin keine Lust mehr, ständig als Milchbar zur Verfügung zu stehen, und die spitzen Milchzähne der Kleinen werden auch immer schmerzhafter. Also verlässt sie die Wurfbox

Schluss mit lustig! Den Umgang mit Frust lernen Welpen auch im Umgang mit anderen Hunden.

auch mal, wenn noch nicht alle Welpen vollständig gesättigt sind. Das ist natürlich Frust, genauso wie die Erfahrung, dass Geschwister, die Mutter oder ältere Hunde aus dem Züchterhaushalt einfach gehen und ein Spiel beenden, wenn es zu grob wird. Aber beinahe zeitgleich lernen sie etwas ganz Wichtiges, nämlich dass der Spaß damit nicht für alle Zeiten vorbei ist. Die Mutter kommt wieder, und es findet sich auch schnell ein neuer Spielpartner. Die Lektion, die gelernt wurde, ist, dass Frust zu bewältigen ist, und die Welt sich – entgegen dem ersten Eindruck des Beaglechens – trotzdem weiterdreht. Richtig wäre es nun, dass Sie das, wenn Sie den Hund bekommen, genauso „nebenbei" weiterführen. Das heißt, der Napf landet nicht immer sofort nach der Befüllung am Boden, es wird nicht immer gefressen, bis man satt ist, und Spiel wird immer wieder unterbrochen – natürlich, um nach kurzer Pause weiterzuspielen, zu füttern etc. Bedürfnisaufschub und Impulskontrolle sind hier die Zauberworte, die das Leben mit einem Hund, und vor allem einem Beagle, der das beherrscht, einfacher machen, als mit einem Hund, der erwartet, dass immer alle nach seiner Pfeife tanzen. Denn das erwartet ein Beagle sowieso ganz gerne …

WEGEN UMBAU GESCHLOSSEN

Trotzdem muss an dieser Stelle erwähnt werden, dass ein Welpe, und auch ein Junghund bis zur Pubertät, gar nicht in der Lage ist, die Impulskontrolle eines erwachsenen Hundes auszuüben, denn das geht erst nach den wichtigen Umbauarbeiten, die während der Pubertät im Hundehirn stattfinden – wenn denn der entsprechende Hund die Pubertät durchleben darf und nicht bereits vorher kastriert wird! Denn dann findet der wichtige Umbau nicht statt und das Gehirn ist nicht in der Lage, Impulskontrolle in dem Maße auszuüben, wie es sonst der Fall wäre, und tolerant gegenüber Frust zu sein.
Ein Kleinkind kann mit Frust auch nicht so gut umgehen, wie ein erwachsener Mensch, und das erwarten wir beim „kleinen Menschen" auch gar nicht. Wenn wir ein dreijähriges Kind vor Wut schreiend an der Supermarktkasse sehen, weil es das Überraschungsei nicht bekommt, sind wir vielleicht je nach Tagesform ein bisschen genervt oder haben Mitleid mit der Mutter, denken uns aber nichts weiter. Wenn wir uns jetzt aber einen Dreißigjährigen schreiend an der Supermarktkasse vorstellen … Trotzdem werden die Grundlagen für die Impulskontrolle bereits im Kindesalter gelegt, und ein weiterer Ausbau dieser Fähigkeit findet eben in der Pubertät unter dem Einfluss der Sexualhormone statt.

RUHE LERNEN

Für ganz wichtig – vor allem bei einem lebendigen Hund wie dem Beagle – halte ich, dass der Hund von klein auf lernt, zu entspannen und Ruhe zu finden. So toll ein lebendiger Hund auch ist, so anstrengend ist ein Duracell-Hase, bei dem der Akku nie leer wird. Verwilderte Haushunde und Wölfe schlafen oder dösen mind. 18 Stunden am Tag – und das kommt bei unseren Haushunden oft zu kurz. Wirklich aktiv ist ein Hund nur sechs Stunden pro Tag. Hund müsste man sein!
Leider vergessen das aber viele über die Angst, ihrem Hund nicht gerecht zu werden und ihn womöglich zu wenig auszulasten. Gerade beim Beagle hört man immer wieder, dass man sie gut auslasten muss, was nicht selten in Stress für Hund und Halter ausartet. Denn dann hat so ein Hund schnell ein Tagespensum erreicht, das ihn überfordert und das ihm keine Zeit mehr für die so wichtigen Ruhephasen ermöglicht. Aber auch Ruhe muss gelernt werden!

01

DIE MISCHUNG MACHT'S

Häufig dreht sich ab dem Einzug des kleinen Beagles in sein neues Zuhause alles nur noch um diesen. Da kommt dann die Oma das erste Mal nach Jahren zu Besuch, alle Kinder aus dem Dorf müssen den Wauzi kennenlernen, und man selbst will ja schließlich auch möglichst viel Zeit mit dem neuen Mitbewohner verbringen. Dazu kommt der ganze Stress mit der „Prägung". Inzwischen hat sich herumgesprochen, dass ein Hund bis zur Pubertät möglichst viele Umweltreize kennenlernen muss, weil in der Pubertät alle bisher nicht benötigten Synapsen (= Verbindungen zwischen den Nervenzellen) abgebaut werden. „Use it or lose" ist das Motto im pubertären Gehirn, es wird ausgemistet und unnötiger Ballast fliegt raus. Darum gibt man sich natürlich größte Mühe mit dem neuen Familienmitglied: montags in den Zoo, Vorstellung von Gorilla, Tiger und Co, dienstags Welpenspiel, danach Besuch der bereits

03

02

04

erwähnten Oma, mittwochs Fußgängerzone und, wenn man schon mal da ist, Hauptbahnhof und der erste Restaurantbesuch. Die absolut alltagsrelevanten Bällebäder nicht zu vergessen, die stehen ja heutzutage an jeder Straßenecke. Und so geht das dann tagein, tagaus. Vergessen wird dabei aber zu oft eines: „Use it or lose" gilt nicht nur für die aktivierenden Netzwerke im Gehirn, sondern genauso für alles, was mit Hemmung zu tun hat. Es geht also nicht nur um Action, sondern mindestens ebenso wichtig ist Ruhe. Und hat ein Hund das bis zur Pubertät nicht gelernt, wird es ungleich schwerer, ihm das danach noch beizubringen. Das Resultat sind dann nicht selten völlig überdrehte Beagles, ADHSler auf Speed, die gar nicht mehr in der Lage sind, zu entspannen. Wie so oft macht es auch hier die Mischung! Darum ist es so wichtig, dem Kleinen von Anfang an Auszeiten zu gönnen, ihm einen Ruheplatz zuzuweisen, an dem er auch wirklich ungestört ist, und gegebenenfalls für „Zwangs-"Auszeiten in einer Box oder Ähnlichem zu sorgen. Das hat natürlich nichts mit Wegsperren des nervigen Welpen zu tun – es versteht sich von selbst, dass der Hund positiv an die Box als Rückzugsort gewöhnt werden muss! Und damit beginnt man am besten von klein an.

01 Auch die sogenannte Beißhemmung muss gelernt werden, damit der Hund später im Spiel nicht zu fest zubeißt.

02 Das neue Hundeleben kann ganz schön anstrengend sein. Geben Sie ihm Zeit, alles in Ruhe anzuschauen und auch zu verarbeiten.

03 Welpen erkunden ihre Umwelt auch mit den Zähnen – bringen Sie in Sicherheit, was Ihnen lieb und teuer ist!

04 Achten Sie trotz aller Aktivitäten auch auf ausreichende Ruhepausen für Ihren Zwerg!

DER WELPE ZIEHT EIN

Nachdem Sie jetzt theoretisch wissen, was alles Entscheidendes in den ersten Lebensmonaten Ihres Fleckenzwerges passiert, will ich Ihnen noch ein paar Denkanstöße für die Praxis geben. In der Regel werden die Welpen von Züchtern im Alter von 8 – 12 Wochen an ihre neuen Halter abgegeben. Dieses Zeitfenster sollte, wenn möglich, weder unter- noch überschritten werden. Persönlich rate ich zu einem Abgabezeitpunkt von nicht unter 10 Lebenswochen. Aber natürlich nur dann, wenn der Welpe im Züchterhaushalt optimale Bedingungen vorfindet!

Wenn Sie sich für einen Welpen entschieden haben, fiebern Sie also vielleicht gerade dem Tag entgegen, an dem der Kleine einzieht. Ein Tipp: Lassen Sie das Fiebern, genießen Sie besser noch die verbleibende Ruhe, denn mit der ist es nun bald vorbei. Aber wer braucht schon Langeweile, wenn er einen Beagle haben kann?! Und trotzdem sollten Sie sich auf schlaflose Nächte, kaputt gebissene Schuhe und Mundraub einstellen. Am besten, Sie trainieren bereits jetzt, nichts Essbares stehen zu lassen und Schuhe ordentlich aufzuräumen. Und mit dem Putzeimer sollten Sie sich auch an-

Mit der Ruhe ist es jetzt bald vorbei …

freunden, denn bis ein Welpe stubenrein ist, dauert das. Und überhaupt, durchzuschlafen wird sowieso überbewertet. Denn die Schlafmütze können Sie die ersten Wochen mit einem Welpen erst mal an den Nagel hängen. Je mehr Sie hinter dem Stubenreinheitstraining Ihres Kleinen her sind, desto schneller wird er kapieren, was Sie von ihm wollen: Bringen Sie ihn immer sofort nach dem Spiel, nach dem Fressen, nach dem Schlafen – als eigentlich immer – raus und loben Sie ihn ausgiebig, wenn er draußen seine Geschäfte verrichtet.

MIT HUNDEN LEBEN HEISST LERNEN

Was den Einzug eines Welpen betrifft, habe ich von meinen Hunden viel gelernt: Wenn der Neue Glück hat, lassen sie ihn in Ruhe und beachten ihn nicht weiter, wenn er Pech hat, darf er maximal in der Ecke stehen und atmen. Das war es dann aber auch schon mit dem Entgegenkommen. Die „Fronten“ werden also ganz schnell geklärt, und der Welpe lernt, dass sich die Welt nicht nur um ihn dreht. Anders bei uns Menschen, die (verständlicherweise!) beim Anblick des Hundekindes sofort Herzchen in den Augen bekommen und versuchen, ihm jeden Wunsch von den Lefzen abzulesen. Glauben Sie mir, die Strategie der Hunde macht durchaus Sinn! Ich rede hier nicht davon, dass Sie Ihren Welpen über Stunden ignorieren sollen, das wäre tierschutzrelevant, aber eine kurzfristige, situative Ignoranz kann durchaus Sinn machen. Machen Sie sich „Willst Du gelten, mach Dich selten“ zu eigen, bevor es der Beagle tut!

Noch ist der Ernst des Lebens weit entfernt.

SCHAULAUF UND MACHTDEMONSTRATION

Eine weitere Lektion, die ich von meinen Hunden gelernt habe, ist, suche beziehungsweise schaffe Dir Stellvertreterkonflikte, um Regeln aufzustellen, und warte nicht, bis es ernst wird und darauf ankommt. Dazu habe ich ein Beispiel von meiner alten türkischen Hündin, Günes, dem Dönertier, das bisher das Amt der Nachwuchsförderung und -erziehung innehatte (was mache ich nur in Zukunft ohne sie?): Günes, die unter normalen Umständen Spielzeug oder alte Knochen nicht mal mit dem Hinterteil angeschaut hätte, suchte sich jedes Mal, wenn ein neuer Hund hier einzog, irgendein altes Kauseil oder einen Kauknochen, der seine besten Tage schon lange hinter sich hatte, und veranstaltete einen Schaulauf, der seinesgleichen suchte. Und das so lange, bis das Interesse „des Neuen“ geweckt war. Danach legte sie es ab und platzierte sich abwartend in zwei bis drei Metern Entfernung. Die meisten Hunde versuchten maximal einmal, an das Objekt der Begierde zu kommen, es gab nur eine Ausnahme ... Meier, der – wie immer – drei Mal nachfragte ... Aber auch er lernte seine Lektion, und im Ernstfall gab es danach kein Gerangel mehr um Ressourcen. Was ich damit sagen möchte, ist, dass es oft ein Fehler des Menschen ist, ins offene Messer bzw. in ernsthafte Situationen zu rennen. Viel schlauer ist es, Situationen zu stellen, bei denen es nicht darauf ankommt, und in denen der Mensch nicht im Stress ist, sondern geplant vorgehen kann.

DER WELPE UND DIE TREPPEN …

Es ist mir wichtig, auch noch ein paar Worte zu der häufig getätigten Aussage zu verlieren, dass Welpen keine Treppen steigen sollen. Ich beginne mit der etwas provokanten Frage, ob Sie Ihre Kinder auch bis zur Volljährigkeit die Treppen hoch und runter getragen haben? Nein? Aber viele Hundehalter tun genau dies mit ihren Hunden, um die Gelenke zu schonen, oft mit der Folge, dass der Hund, wenn er erst einmal ein Jahr alt ist, noch nie Erfahrungen mit Treppen gesammelt hat und später Probleme damit bekommt. Denn wie so vieles andere auch, wächst auch die Fähigkeit zum räumlichen Sehen mit ihren Aufgaben. Hunde, die diese Fähigkeit bisher nicht benötigten, weil sie mit solchen Aufgaben nicht konfrontiert waren, tun sich später nicht selten schwer damit. Wie alles andere, sollte der Beagle also selbstverständlich auch Treppen kennenlernen.

HALTER MIT GELENKPROBLEMEN?

Es gibt übrigens keine einzige Studie, die bestätigt, dass ein Zusammenhang zwischen zu frühem Treppensteigen und später auftretenden Gelenkproblemen besteht. Eine Studie über die Gelenkprobleme von Haltern, die ihren fast ausgewachsenen, zehn Monate alten Beagle mit über 12 kg Kampfgewicht noch jede Stufe hoch oder runter tragen, wäre sicherlich zielführender und würde einen signifikanten Zusammenhang zwischen dem Gesundheitszustand der Gelenke, der Anzahl der Stufen und dem Gewicht der Beagles ergeben …

Völlig paradox wird es, wenn man sich anschaut, wie viele Menschen zwar verhindern, dass der Beagle Treppen geht, aber gleichzeitig mit Welpen und Junghunden ausufernde Ballspiele veranstalten. Abgesehen davon, dass das Ball"spiel" in den seltensten Fällen etwas mit Spiel zu tun hat, kann sich jeder mit gesundem Menschenverstand denken, dass das plötzliche Gasgeben und vor allem das abrupte Abbremsen eine wesentlich größere Belastung für die Gelenke darstellt.

DIE ZWEITE SENSIBLE PHASE

Die zweite sensible oder auch kritische Phase liegt genau zu Beginn der Pubertät. Der Übergang von der Welpenzeit zur juvenilen Phase ist eine fließende Entwicklung und passt nicht in ein starres Zeitraster, aber beim Beagle ist das mit ungefähr einem guten halben Jahr der Fall. Wenn der Zahnwechsel abgeschlossen ist, spricht man nicht mehr von Welpen, sondern vom Junghund. Ihr Kleiner ist nun aus seinen Welpenschühchen herausgewachsen, hat auf dem Weg dorthin sicherlich einige Paar Schuhe ruiniert, sich von seinen Milchzähnchen verabschiedet und die Hormone fangen an, ihren Job intensiver zu betreiben und den nächsten Fortschritt seiner Entwicklung einzuläuten. Alles über die hormonellen Umbrüche in dieser Zeit finden Sie im nächsten Kapitel, in dem wir uns die Pubertät näher anschauen.

WIEDERHOLUNG

Was Ihr Youngster bisher gelernt und kennengelernt haben sollte, haben wir bereits besprochen. Doch auch wenn Sie Ihren Teenie erst in diesem Alter übernommen haben und er bis dahin keine optimale Aufzucht erfahren hat, haben Sie jetzt noch die Chance, dies alles zumindest in Teilen nachzuholen. Andersherum bringt die beste erste kritische Phase nichts, wenn jetzt nicht „nachgelegt" wird. Alles, was der Hund bis dahin gelernt hat, muss ihm nun erneut präsentiert werden. Geschieht dies nicht, gehen die bereits erfolgten positiven Lernprozesse wieder verloren. Selbst aufgeschlossene und freundliche Beagles können dann auf einmal sensibel werden und sehr empfindlich auf Neues reagieren, seien es Menschen, Geräusche, Objekte oder Situationen.

Die Älteren unter Ihnen können sich das ähnlich vorstellen wie bei der (nicht digitalen) Photographie: Das Bild ist, nachdem es in der Entwicklerlösung (1. kritische Phase) war, sichtbar, muss aber erst in die Fixationslösung (2. kritische Phase), um dauerhaft fixiert zu werden und sichtbar zu bleiben. Geschieht diese erneute Konfrontation mit den verschiedenen Reizen nicht, kann das in der ersten sensiblen Phase Gelernte keinen dauerhaften Bestand haben und verblasst wieder.

Die Umwelt, in der ein Hund aufwächst, spiegelt seinen späteren Charakter.

Sie sind nun also erneut gefordert, Ihrem Hund alles Wichtige wohldosiert nahezubringen. Aber auch hier müssen Sie strikt darauf achten, dass Sie Ihren, durch den Hormoncocktail sowieso verwirrten Hund nicht überfordern.

Laden Sie ausreichend Besuch allen Alters ein, gewöhnen Sie ihn an verschiedene Geräuschquellen, Untergründe, Artgenossen, Umgebungen etc., um das Bild erneut zu fixieren! Aber schießen Sie auch hier nicht über das Ziel hinaus!

WENN HALTER ANSTRENGEND WERDEN. DIE PUBERTÄT

... so würde es zumindest ein Beagle formulieren. Was ist schlimmer als ein Beagle? Richtig, ein Beagle in der Pubertät!
Wenn Sie bis gestern der Meinung waren, dass alles, was Sie bisher über die bunten Hunde gelesen haben, erstunken und erlogen oder aber zumindest maßlos übertrieben ist, darf ich Sie ab heute in der Pubertät Ihres Beagles begrüßen. Als Survival Kit sollten Sie sich zunächst ein Paket guter Nerven, mindestens drei Meter langen Atem, ein paar Prisen Nachsicht, dreizehn Kilo Verständnis und einen Jahresvorrat (besser sind zwei!) an Schokolade zulegen. Damit haben Sie Chancen, auch diese Zeit unbeschadet zu überstehen. Und ich möchte Ihnen bereits zu Beginn dieses Kapitels einen wichtigen Glaubenssatz mit auf den harten, steinigen Pubertätsweg geben: Die Pubertät geht vorbei, sie ist ein Lebensabschnitts(!)gefährte, auch wenn sie gefühlt ewig anhält – und in echt noch viel länger. Aber ich garantiere Ihnen, dass Sie – wenn Sie diesen Abschnitt gemeinsam mit Ihrem Hund überstehen – danach ein richtig gutes Team geworden sind, das so schnell nichts mehr aus der Ruhe bringt.

WAS PASSIERT IN DER PUBERTÄT?

Kurz und bündig beschrieben: Stellen Sie sich eine Firma vor, in der ein Bautrupp und ein Unternehmensberater gleichzeitig ihr Unwesen treiben. An einen normalen Arbeitsablauf ist sicherlich nicht mehr zu denken. Erst wenn der Umbau abgeschlossen ist und die Neustrukturierungen des Unternehmensberaters greifen, geht alles wieder seinen normalen Gang, und das hoffentlich effektiver als vorher. Bis dahin heißt es aber „wegen Umbauarbeiten vorübergehend geschlossen“ oder auch „dieser Anschluss ist vorübergehend nicht besetzt“.

UMSTRUKTURIERUNGEN

Ähnliches passiert in der kleinen Firma im Kopf Ihres Beagles. Von einem Tag auf den anderen haben Sie das Gefühl, dass Ihr Kleiner nicht mehr weiß, was „Sitz“ noch mal bedeutet, dass er sein tadelloses Sozialverhalten mit den Kinderschuhen an der Garderobe abgegeben hat, und dass ihm zwischenzeitlich sogar sein eigener Name unbekannt vorkommt. Willkommen in der Pubertät, dem Alter, in dem der Halter vorübergehend anstrengend wird!
Die Pubertät beginnt, wenn die Hündin das erste Mal läufig wird und der Rüde anfängt, das Bein zu heben. Und eigentlich ist sie dann auch recht schnell wieder vorbei. Denn die Pubertät ist ein Teil der sogenannten Adoleszenz, der Phase des Heranwachsens, die in der späten Kindheit beginnt, über die Pubertät andauert und ihr Ende im vollen Erwachsensein findet. Und diese Phase von der Pubertät bis zum erwachsenen Hund, in der im Gehirn fast alles neu strukturiert wird, kann je nach Hundepersönlichkeit sehr anstrengend sein. In dieser Phase ist der Hund zwar, biologisch gesehen, zeugungsfähig und körperlich so gut wie ausgewachsen, aber emotional und sozial noch nicht vollends gereift. Die Adoleszenz ist die Zeit des Ablösens von der Familie und der Entwicklung der eigenen Persönlichkeit eines Hundes, die Zeit zwischen der Geschlechts- und der Zuchtreife. Everybodys Darling war also gestern ...

„Dieser Anschluss ist vorübergehend nicht besetzt" – das Pubertier.

PLÖTZLICH IST ALLES ANDERS …

Anstrengend ist diese Zeit oftmals, weil sich die Prioritäten des eben noch so süßen, unkomplizierten und anhänglichen Welpen nun komplett verschieben. Er wird selbstständiger und zeigt ein gesteigertes Explorations-, also Erkundungsverhalten. Ein Verhalten, das beim Beagle sowieso im Rassestandard verankert ist … Jegliches selbstbelohnendes Verhalten bekommt einen größeren Stellenwert als Sie, und jeder Grashalm hat in den Augen Ihres Beagles phasenweise mehr zu bieten als Sie. Dem Hund fällt es zunehmend schwerer, sich von für ihn wichtigen und lohnenswerten Dingen zu trennen, und sich stattdessen auf seinen Besitzer zu konzentrieren. Ressourcen bzw. deren Verteidigung werden auf einmal wichtig, ebenso wie 1 000 andere Dinge, die der Hund nun plötzlich im Kopf hat, und auch sein Radius vergrößert sich stetig. Problematisch ist hierbei die lernverstärkende Wirkung des Dopamins, der Selbstbelohnungsdroge des Gehirns, die dazu führt, dass diese selbstbelohnenden Handlungen sehr schnell positiv bewertet, erlernt und beibehalten werden.

BIOLOGISCH VÖLLIG NORMAL

Wichtig zu wissen ist, dass Ihr Schwererziehbarer das keinesfalls tut, um Sie zu ärgern! Die Veränderungen im Verhalten sind ein physiologisch völlig normaler Ablauf und dem Hormoncocktail, den der Hund gerade genüsslich zu sich nimmt, geschuldet. Wut auf den ignoranten Hund ist also durchaus verständlich, hilft aber nicht weiter. Geduld und Verständnis sind wichtig, auch wenn das leichter geschrieben ist, als getan ...
Auch hat das Verhalten, entgegen dem, was man immer wieder hört, nichts mit Dominanz zu tun! „Das hat er ja noch nie gemacht" wird in den nächsten Monaten und Jahren zu Ihrem Standardspruch werden – und stimmt hier oft sogar. Wenn wir gestern noch einen kleinen Streber unser Eigen nannten, haben wir jetzt ein Pubertier an der Leine – und mit ihm ist über Nacht der „Was-war-Sitz-noch-mal-Blick" aufgetaucht. Die Stressanfälligkeit des Hundes steigt, und die Reaktionen auf Stressoren werden intensiver.

GEDULD UND VERSTÄNDNIS

Ihr Job als Halter ist es nun, dem Hund und seiner Großbaustelle im Gehirn Verständnis entgegenzubringen, denn er kann tatsächlich nicht anders, als sich so zu verhalten, wie er sich verhält. Trotzdem dürfen Sie sich natürlich nicht auf der Pubertät des Hundes ausruhen, sondern müssen gegensteuern. Bleiben Sie konsequent, und bieten Sie Ihrem Hund die Sicherheit, Orientierung und Führung, die er jetzt dringend benötigt. Denn der Hund wird nicht von selbst aus diesen Problemen „herauswachsen", sondern sie werden sich, wenn man den Dingen ihren Lauf lässt, verfestigen und zu immer größeren Problemen heranwachsen. Je länger Sie warten, desto schwieriger wird es.

Die Pubertät ist das Alter, in dem auch Hunde abtauchen und erst mal nicht mehr erreichbar sind.

HORMONE IN DER PUBERTÄT

Den Startschuss für den Eintritt in die Pubertät gibt das Hormon GnRH, das sogenannte Gonadotropin Releasing Hormon. Dieses Hormon aktiviert die Freisetzung der Geschlechtshormone aus den Geschlechtsorganen, was wiederum zu vielfältigen Umbauten im Gehirn führt. Das Gehirn wird also vorübergehend zur Großbaustelle. Die Folge sind nach der Pubertät mehr Zuständigkeiten für die Hirnregionen, die für rationale Entscheidungen und sogenannte kognitive, also höhere geistige Leistungen zuständig sind. Dafür bekommen die emotional reagierenden Teile des sogenannten limbischen Systems weniger Gewicht. Das Verhalten wird also während der Adoleszenz (der Phase des Erwachsenwerdens) vom emotionalen und infantilen Handeln weg, und zum erwachsenen und vernünftigen Verhalten hin verlagert. Der Gewinner dieser Aufgabenneuverteilung ist das sogenannte Frontalhirn, das unter anderem dafür zuständig ist, Entscheidungen zu treffen, Informationen im Kopf zu behalten, eine gewisse Planbarkeit zu ermöglichen und für „Multitasking", Impulskontrolle und Frustrationstoleranz zuständig ist.

SCHNELLE NERVENVERBINDUNGEN

Beim Umbau kommt es im Gehirn zur Umwandlung sogenannter grauer in weiße Substanz. Die weiße Substanz enthält schnellere Nervenverbindungen und ist leistungsfähiger. Die Umwandlung von Grau in Weiß liegt an der fortschreitenden Myelinisierung der Nervenfasern. Die weiß erscheinenden Myelinhüllen oder -scheiden sind Isolierungen um die Nervenfasern, die Kurzschlüsse verhindern und für eine effektivere und 50-fach beschleunigte Reizweiterleitung sorgen. Wissenschaftler gehen davon aus, dass der kognitive Leistungsabfall zu Beginn der Pubertät auf die Umwandlungsprozesse der grauen zur weißen Masse zurückzuführen sei („dieser Anschluss ist vorübergehend nicht besetzt"). Im pubertären Gehirn werden also die bisherigen Kupferkabel zu einer schnellen Datenautobahn aus-, unnötige Nebenstrecken werden abgebaut, und dadurch werden die Verknüpfungen optimiert und die Leitungsgeschwindigkeit wird deutlich beschleunigt. Insgesamt wird das Beaglehirn effektiver, der Hirnstoffwechsel wird gesteigert, und nach der Pubertät ist unnötiger Ballast, nämlich alle Nervenverbindungen, die man bisher nicht gebraucht hat, entsorgt. Wie auf jeder anderen Baustelle herrscht aber während des Baus das reine Chaos.

WARUM ER NUN SO ANSTRENGEND IST

Aus neurobiologischer Sicht entsteht in der Pubertät ein temporäres Frontalhirndefizit mit all seinen Folgen. Und da das Frontalhirn der Teil des Gehirns ist, der Impulse kontrolliert, Handlungen plant und die Folgen von Handlungen abschätzt, ist klar, dass der pubertierende Teenie all das vorübergehend nicht leisten kann.

Impulskontrolle und Risikoabschätzung sind also nicht unbedingt die Stärke pubertierender Junghunde, und schon gar nicht pubertierender Beagles. Aber nicht der Hund spielt verrückt, sondern seine kleinen, grauen Zellen.

UNGEHEMMTER DOPAMINKICK

Auf der Ebene der Botenstoffe spielt hier das bereits erwähnte Dopamin eine wichtige Rolle. Dopamin kann man als die Selbstbelohnungsdroge des Gehirns bezeichnen, es wirkt als Verstärkersystem für innere Impulse und sorgt dafür, dass ein Impuls in eine Handlung umgesetzt wird. Außerdem macht es ein gutes Gefühl. Dieses dopaminerge System ist in der Zeit der Pubertät in den für Emotionen zuständigen Bereichen des Gehirns am stärksten ausgebildet, und wegen seiner selbstbelohnenden Funktion sind Junghunde immer begierig auf eine Stimulation dieses Systems, quasi immer auf der Suche nach dem Dopamin-Kick. In der Humanpsychologie spricht man hier vom „sensation seeking". Je schlechter also in der Pubertät die bremsende und hemmende Funktion des Frontalhirns funktioniert, und je mehr dopaminerger Sprit zum Antrieb vorhanden ist, desto größer wird die Risikobereitschaft. Dazu kommt, dass der Mandelkern (= die Amygdala), das emotionale Bewertungszentrum des Gehirns, welches die Wahrnehmung und die Reaktionen steuert, sich in dieser Phase vergrößert und empfindlicher und intensiver auf Reize aus der Umwelt reagiert. Dies bedeutet, dass Reaktionen emotionaler ausfallen, als wir es bisher kannten. Dies ist leider auch ein guter Nährboden für Aggression. Der Canis pubertus testet also seine Grenzen aus und ist auch in Auseinandersetzungen risikobereiter. Das ist biologisch durchaus sinnvoll, denn kein Jungwolf oder Junghund würde abwandern und eine eigene Familie gründen, wenn das nicht so wäre und er stattdessen auf ein risikoloses, sicheres Leben mit Bausparvertrag und Vorgartenidylle aus wäre ... Und in einem Beagle würde ich sowieso nicht den Typ „Dauercamper" sehen.

Mit Vollgas zum erwachsenen Hund

GEWINNER – VERLIERER?

Als klarer Gewinner der Pubertät geht das vordere Stirnhirn vervor, das mit Entscheidungsfindung, rationalem Handeln und der Lösung von Problemen befasst ist. Andere Bereiche der Großhirnrinde, die für die Verknüpfung von Informationen und damit für die (vernünftige) Bewertung von Außenreizen und deren rational sinnvolle Beantwortung zuständig sind, gehören ebenfalls zu den Gewinnern der pubertären Umorganisation.
Die Verlierer des Umbauprozesses sind insbesondere Teile des limbischen Systems, also des für Emotionen zuständigen Teils des Gehirns. Dort wird vor allem die Wirksamkeit von Dopamin verringert. Was hier stattfindet, also emotionale und unüberlegte Handlungen, wird in Zukunft nicht mehr so stark positiv bewertet und entsprechend nicht mehr so häufig gezeigt. Und wenn wir einen Blick auf unsere menschlichen Artgenossen werfen, ist das auch gut so! Wäre es nicht befremdlich, wenn sich Erwachsene durchgehend wie Kleinkinder verhielten?

Der Freiheitsdrang wächst und der Radius vergrößert sich in der Pubertät.

STRESS LASS NACH!

Während der Pubertät kommt es aber auch zu einer starken Erhöhung der Aktivität der Nebennierenrinde, die das Stresshormon Cortisol produziert, wodurch die erhöhte Stressanfälligkeit in dieser Zeit erklärlich wird. Außerdem kommt es zu einer verstärkten Ausschüttung des Elternhormons Prolaktin, einem Gegenspieler des Cortisols. Der gesamte Hormoncocktail aus Stresshormonen, insbesondere Cortisol, Sexualhormonen, Nervenwachstumsfaktor, Prolaktin und anderen wird in eine heftige Berg- und Talfahrt versetzt. Dies belegen Untersuchungen an Menschen, Hunden, Affen und anderen Tierarten, der Stresshormonspiegel ist bei allen Säugetieren während der Adoleszenz am höchsten, so auch beim Beagle ... So kompliziert diese Zusammenhänge auch sein mögen, so wichtig sind sie doch für das Verständnis für den Hund und seine Achterbahn der Gefühle. Also rufen Sie sich all das immer ins Gedächtnis, wenn Ihr Beagle Sie mal wieder auf die Palme bringt. Bleiben wenigstens Sie cool und denken Sie daran: die Pubertät bzw. die Adoleszenz ist nur ein Lebensabschnittsgefährte und geht vorbei.

Wenn die Hormone sprießen, geht es manchmal drunter und drüber ...

ERFAHRUNGEN SAMMELN

Es gibt einen schönen Spruch, der besagt, „wenn die Kinder klein sind, gebe ihnen Wurzeln, wenn sie groß sind, verleihe ihnen Flügel". Gut, keiner von uns will ernsthaft, dass der Beagle Flügel bekommt und davonfliegt, resp. seine Köfferchen packt und abwandert, aber ich persönlich gestehe einem erwachsenen Hund auch erwachsenes Verhalten zu, und dazu gehört nun mal eine gewisse Selbstständigkeit. Aber um selbstständig agieren zu können, braucht es Erfahrung. Lassen Sie ihn Erfahrungen sammeln, nur so kann er Bewältigungsstrategien für unterschiedliche Situationen erlernen. Dazu gehört der Umgang mit (bewältigbarem!) Stress oder auch der Umgang mit dem anderen Geschlecht.

Wenn man von klein auf sämtlichen Stress vom Hund fernhält, wie will er den Umgang damit lernen? Wichtig ist aber, dass Sie als Mensch da sind und Ihr kleines Fleckvieh anleiten und ihm Sicherheit geben, wenn er sie benötigt.

WENN DAS HIRN IN DIE HOSE RUTSCHT

Da die Pubertät mit der Geschlechtsreife beginnt, übt das „andere Geschlecht" auf einmal einen unwiderstehlichen Reiz aus, und viele Beagles werden zu Stalkern, die Nase immer am Hintern der nächsten Hündin. Sie sind nicht mehr ansprechbar und das Gehirn macht vorübergehend Urlaub in tieferen Gefilden. Schön ist es, wenn man souveräne, erwachsene Hündinnen zur Verfügung hat, die oft bereits durch einen Blick klarmachen, dass aufreiten keine gute Idee ist, und dass eben nicht alles, was „einen Rock trägt", ein potenzieller Sexualpartner ist. Vor allem intakte Rüden, die diese Erfahrung gemacht haben, sind später nicht die, die jede Hündin belästigen und vom ersten bis zum letzten Tag der Läufigkeit am Rad drehen. Sie wissen dann genau, wer als potenzielle Mutter der Kinder infrage kommt, wann sich die (Liebes-)Mühe überhaupt lohnt, und wann sie reine Energieverschwendung ist. Leider sind läufige Hündinnen oft von der Hundeschule ausgeschlossen, was ich persönlich sehr schade finde, denn genau das muss geübt werden! Und wo könnte man das besser als unter kontrollierten Bedingungen in einer Hundeschule? So passiert es leider sehr oft, dass der Jungspund und seine aufsprießenden Hormone der ersten läufigen Hündin „in freier Wildbahn" begegnen, und keiner darauf vorbereitet ist...

SPIELERISCH FÜR DEN ERNSTFALL ÜBEN

Übrigens ist vieles, was mit Aufreiten zu tun hat, einfach nur Spiel, denn wie alles, was man im Ernst des Lebens braucht, wird auch das Sexualverhalten im Spiel trainiert. Solange das „Spiel" ausgewogen ist und jeder mal jede Rolle übernimmt, ist das völlig in Ordnung. Wenn allerdings immer der Selbe obenauf ist, und der unten drunter das schon lange nicht mehr als Spiel sieht, ist es Ihr Job als Halter, das zu unterbinden. Dasselbe gilt, wenn Ihre Hündin (oder auch Ihr Rüde!) sexuell belästigt wird – stehen Sie für sie ein und helfen Sie ihr, den aufdringlichen Schürzenjäger fernzuhalten. Auch das lernen Sie im Optimalfall in einer kompetenten Hundeschule.
Weitere Erfahrungen gilt es natürlich auch, im Umgang mit Frust zu sammeln, wie wir uns bereits im letzten Kapitel angeschaut haben.

REDUKTION AUF DAS WESENTLICHE

Machen Sie nicht den Fehler, in der Pubertät den perfekten Hund zu erwarten und dadurch plötzlich einen Kriegsschauplatz nach dem anderen zu eröffnen! Ob Ihr Beaglechen mit Blickkontakt am linken Bein klebend perfekt Fuß läuft oder nicht, ist im Moment nicht so wichtig. Wichtig ist aber ein „Nein", ein verbindlicher Rückruf und zum Beispiel ein ordentliches An-der-Leine-Gehen. Machen Sie sich eine Prioritätenliste mit Dingen, die wirklich funktionieren müssen. Und bei diesen Dingen sind und bleiben Sie konsequent! Denn wenn Sie das jetzt schleifen lassen, haben Sie im weiteren Hundeleben ein Problem. Denken Sie immer daran: Wenn Sie einem Beagle einen kleinen Finger reichen, nimmt er mindestens die ganze Hand.

Wenn Sie auf der anderen Seite bei allem, was Ihr Hund tut, anfangen, zu kontrollieren und zu reglementieren, signalisieren Sie ihm durchgehend, dass er eigentlich nicht erwünscht ist und genauso gut seine Köfferchen packen könnte. Zumindest wäre das in freier Wildbahn so. Sie eröffnen einen Nebenkriegsschauplatz nach dem anderen, und am Ende kommen Sie mit der Konsequenz nicht mehr hinterher, und Sie stellen dadurch Ihre Beziehung zu Ihrem Hund infrage. Denn wie Sie jetzt wissen, kann er das Geforderte in dieser Entwicklungsphase gar nicht leisten.

BALANCEAKT ZWISCHEN KONSEQUENZ UND LIEBE

Die Kunst ist es also, vor lauter Konsequenz die Liebe nicht zu vergessen und genauso wenig andersherum! Wer mit einem Plan in diese Entwicklungsphase geht, wird gestärkt aus ihr herauskommen.
Apropos „das Wesentliche": Da Sie einen eigenständigen Nasenjäger Ihr Eigen nennen, halte ich für das Wesentlichste überhaupt, Wert auf einen verbindlichen Rückruf zu legen. Bleiben Sie hier sturer als Ihr Beagle, auch wenn das gar nicht so einfach ist. Mit jedem Erfolgserlebnis wittert er den Duft der großen, weiten Welt, und ganz schnell steht es 10:0 für den Beagle. Die Verlockungen sind groß, und was er jetzt lernt, ist schwer, nachher wieder auszubeaglen. Und das gilt nun mal für unsere Lernziele genauso, wie für die des Beagles. Die Schleppleine wird vorübergehend bei den meisten Beagles auch zum festen Beziehungspartner in der Pubertät...

Endlich erwachsen? Zum Glück!

DIE PUBERTÄT

— *Der ganz normale Wahnsinn …*

01

Morgens, halb sieben in Deutschland. Lange bevor der Wecker die Chance hat, zu klingeln, ist Herrn Meier, seines Zeichens ein ganz normales pubertierendes Beaglemonstrum mit allen Kompetenzen, die ein solches beherrschen muss, langweilig, und der Tag muss in seinen Augen sofort beginnen. Also springt er zunächst ins Bett und startet eine Wanderung durch das Selbige, gegen die die großen Tierwanderungen Afrikas nichts als heiße Luft sind. Dass er dreimal hochkant wieder rausfliegt, kümmert ihn nicht besonders, sondern führt nur zu einer Änderung seiner Strategie. Jetzt stehen Heulorgien, gegen die auch das Geläut einer kompletten Beaglemeute fast lautlos verblasst, auf dem Programm. Zwecklos, Frauchen ist inzwischen gegen das tägliche morgendliche Getöse abgehärtet, zieht sich das Kopfkissen über den Kopf und schläft einfach weiter. Da hilft nur Trick 17: lautstark den nächstgelegenen Mülleimer aufsuchen und ausräumen, das hilft immer. So auch diesmal. Beim leisen Knistern des im Beaglemaul zerberstenden Joghurtbechers springt Frauchen fluchend aus dem Bett und das Beagle-eigene Navigationssystem vermeldet: „Sie haben Ihr Ziel erreicht!“ Der Tag kann beginnen. Wollen wir doch mal sehen, was heute so alles an spannenden Dingen auf dem Programm steht …
Langweilig waren die Tage damals nie, und das sind sie bis heute nicht. Aber ich habe mich für das Leben mit Beagles entschieden … Der verbindliche Joghurtbecher-Rückruf des Frauchens funktioniert bis heute, und auch sonst hat sich manches nicht geändert. Pubertäre Dauerschleife als Werkszustand beim Beagle? Wenn ich ganz ehrlich bin, finde ich genau das an den Fleckviechern so großartig! Denn Langeweile gehört auch nicht zu meinen Kernkompetenzen …

02

03

01 – 03 Die Pubertät: Zeit für Getöse, Faxen und Auflehnung. Halbstarke kosten Nerven beim Erziehungsberechtigten, egal ob menschliches oder hundliches Pubertier.

VON FRAUENKRAM UND MACHOGEHABE: KASTRATION?

Früher oder später wird sich Ihnen vermutlich die Frage stellen, ob Sie Ihren Beagle kastrieren lassen sollen oder nicht. Leider passiert es immer noch recht häufig, dass der Tierarzt bereits beim zweiten Impftermin die Empfehlung gibt, in spätestens einem halben Jahr zur Kastration wiederzukommen. Und für viele Hundehalter ist die Kastration ebenso selbstverständlich, wie die Anmeldung bei der Steuer und der Versicherung. Aber warum ist das so, und muss das wirklich sein?

Vorwegschicken möchte ich, dass ich keinesfalls pauschal gegen Kastrationen bin, aber eben gegen Pauschalkastrationen – und das ist ein Unterschied! Die Kastration ist eine Operation mit allen Risiken einer Operation, und diese Entscheidung sollte man nicht leichtfertig treffen, sondern immer im Einzelfall und nach Abwägung aller Pros und Kontras entscheiden.

HÄUFIG GENANNTE GRÜNDE

Die Gründe, die zu einer Kastration führen, sind vielfältig. Und oft ist die Enttäuschung hinterher groß, weil eben keine Besserung des Verhaltens auftritt. Denn die Kastration kann niemals Erziehung / Training / Ausbildung ersetzen.

Wenn Ihr Beagle zum Beispiel plötzlich extrem selbstständig wird und die Schlappohren auf Durchzug gestellt hat, so hat das zunächst einmal mit seiner Rasse zu tun. Ein Beagle ist nun mal kein Schäferhund mit Will-to-Please und stets gezücktem Dienstausweis. Und das wird auch durch eine Kastration nicht besser.

KASTRATION IN DER PUBERTÄT?

Oft kommt die Überlegung, den Hund doch kastrieren zu lassen, im Alter der Pubertät auf, weil über Nacht plötzlich gar nichts mehr geht. Doch wie im entsprechenden Kapitel bereits besprochen, gehört die Pubertät nun mal zum

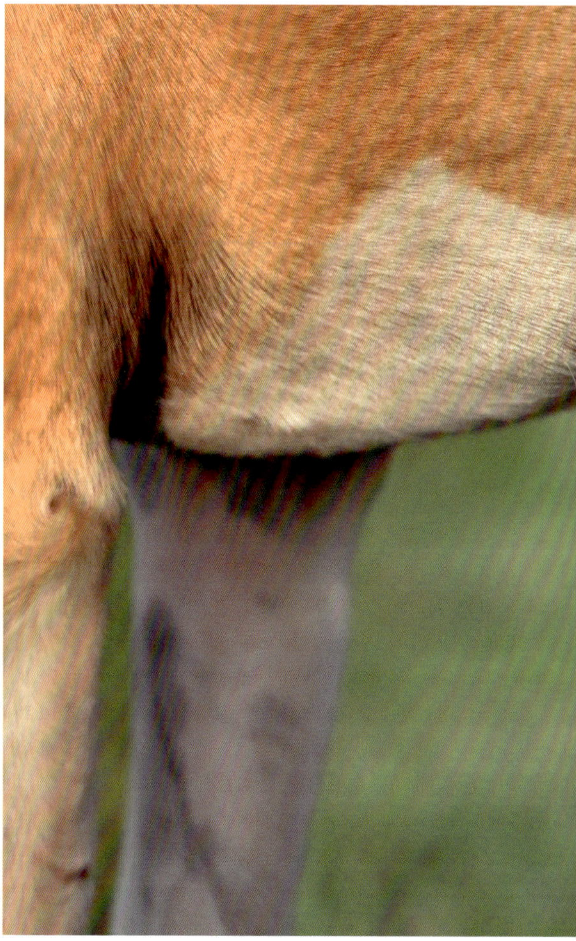

Auch das Sexualverhalten gehört zum Normal-

Hund, und die Reifungsprozesse, die in dieser Lebensphase ablaufen, sind wichtig für die vollständige Entwicklung des Gehirns. Denn die Pubertät führt zu einem erwachsenen Verhalten, und dazu gehören wichtige Dinge wie die Toleranz gegenüber Frust und die Fähigkeit, Impulse zu kontrollieren. Wenn Sie Ihren Hund bereits vor der Pubertät kastrieren lassen, findet der Umbau des Gehirns nicht in dem Maße statt, wie es von der Natur vorgesehen ist. Die Folge ist ein Hund, der eine gewisse Infantilität behält, auch wenn ich bereits beim Schreiben zahlreiche Rufe vernehme, dass Hund XY ja kastriert und trotzdem sehr erwachsen sei. Das mag stimmen, weil es große individuelle Unterschiede (und auch Rasseunterschiede) gibt, aber uns fehlt ja bei derartigen Vergleichen immer die Kontrollgruppe – wir werden nie erfahren, wie sich der Hund entwickelt hätte, wenn er nicht kastriert worden wäre. Ich persönlich mag erwachsene Hunde, die wissen, was sie wollen, und mit denen ich zur Not auch mal das ein oder andere ernste Gespräch führen muss. Das tun wir ja mit unseren Kindern auch, oder kennen Sie jemanden, der seinen Nachwuchs kastrieren ließ, weil er in der Pubertät anstrengend wurde? Die gute Nachricht ist ja, dass die Pubertät ein Lebensabschnitt – und sogar ein sehr wichtiger! – ist, aber dass sie vorübergeht. Und ich glaube nach wie vor, dass es kaum eine wichtigere Phase für die Teambildung gibt, als die Pubertät. Wenn Sie diese gemeinsam mit Ihrem Vierbeiner überstanden haben, kann Ihnen im Rest vom Hundeleben kaum mehr etwas passieren!

verhalten von Hunden, und ist keine Verhaltensstörung!

Nicht nur Hündinnen entwickeln sich von Läufigkeit zu Läufigkeit ...

... bis mindestens zur 3. Läufigkeit.

KEINE CHANCE AUFS ERWACHSEN-WERDEN

Ja, es ist richtig: Eine Kastration vor der Pubertät verhindert diese, und eine Kastration während der Pubertät beendet diese. Aber glauben Sie mir, wenn Sie einen langen Atem haben, geht diese Phase auch so vorbei und die erwähnten wichtigen Umbauarbeiten im Gehirn finden statt. Die Belohnung ist ein erwachsener Hund mit einem rationalen Verhalten. Denn so süß Welpen und das typische Welpenverhalten auch sind, sie gehören zum Welpen und nicht zum erwachsenen Hund. Das ist bei uns Menschen nicht anders. Denken Sie an den Vergleich mit dem erwachsenen Mann und dem Überraschungsei an der Supermarktkasse ... Geben Sie Ihrem Hund die Chance, erwachsen zu werden! Als grobe Faustregel gilt, dass mit dem Durchlaufen der dritten Läufigkeit und aller Folgeerscheinungen (Scheinträchtigkeit und Scheinmutterschaft) der Umbau im Großen und Ganzen abgeschlossen ist. Halter von intakten Hündinnen werden mir zustimmen, dass man bis mindestens zur dritten Läufigkeit bei der Hündin große Entwicklungssprünge von Läufigkeit zu Läufigkeit feststellen kann. Beim Rüden ist es genauso, nur dass man es nicht am Zyklus festmachen kann.

FRAUENKRAM

Ein weiteres häufig verwendetes Argument für die Kastration von Hündinnen, ist das Risiko der Entstehung von Mammatumoren, also Gesäugetumoren. Eine „topaktuelle" Studie von 1969 besagt, dass sich durch eine Kastration vor der ersten Läufigkeit dieses Risiko bei der Hündin um 80 % senken lässt. Nach der ersten Läufigkeit sind es laut dieser Studie immer noch 25 %. Klingt gut, oder? Allerdings muss man, um diese Zahlen beurteilen zu können, immer die absoluten Zahlen kennen. Im Falle des Mammatumorrisikos der Hündin sind das – je nach Studie – überhaupt nur zwischen 0,2 und 1,8 % aller Hündinnen, die irgendwann im Laufe ihres Lebens einen Mammatumor entwickeln. Das lässt die Zahlen ganz anders aussehen. Zumal es eine sehr aktuelle Studie gibt, die alle Arbeiten, die jemals zu diesem Thema gemacht wurden, vergleicht. In dieser Studie hat nur die Arbeit von 1969 diesen positiven Effekt bestätigt, eine weitere zeigte einen minimalen positiven Effekt, zwei überhaupt keinen Einfluss der Kastration auf das Risiko, einen Mammatumor zu entwickeln. Demgegenüber steht eine Untersuchung,

Frau und Herr Meier – ein entspanntes Beaglepärchen.

die einen ganz klaren Einfluss der Ernährung im ersten Lebensjahr auf die Entstehung von Mammatumoren zeigt. Diese Untersuchung brachte einen klaren Zusammenhang zwischen einer Überversorgung mit Energie und Protein und Übergewicht im ersten Lebensjahr und der Entstehung von Mammatumoren ans Licht. Das ist ein wichtiger Hinweis, wie man weniger invasiv als durch eine Operation der Entstehung von Mammatumoren vorbeugen kann. Außerdem halte ich es für wichtig, dass man – analog zur Humanmedizin – regelmäßig das Gesäuge seiner Hündin abtastet, um Veränderungen frühzeitig zu erkennen.

GEBÄRMUTTERVEREITERUNG

Ein weiteres Risiko und ein nicht schön zu redender Notfall bei der Hündin ist die Gebärmuttervereiterung. Aber auch hier ist es wichtig, auf Anzeichen zu achten. Die Gebärmuttervereiterung tritt nach der Läufigkeit auf, und Symptome sind zum Beispiel vermehrter Durst, eitriger Ausfluss aus der Scheide, deutliches Unwohlsein und eventuell Fieber. Stellen Sie Ihre Hündin, wenn Sie diese Symptome an ihr feststellen, umgehend einem Tierarzt vor! Übrigens steigert schon das einmalige Wegspritzen einer Läufigkeit bei der Hündin das Risiko sowohl für die Entstehung eines Mammatumors als auch für eine Gebärmuttervereiterung enorm. Vermeiden Sie das auf jeden Fall!

TUMORHÄUFUNG NACH KASTRATION

Neue Studien haben übrigens eindeutig gezeigt, dass sowohl bei der Hündin als auch beim Rüden viele Tumorarten und auch andere Erkrankungen nach einer Kastration gehäuft auftreten. Dazu gehört zum Beispiel der Milztumor, der bei alten Hunden eine sehr häufige Todesursache darstellt, aber auch Knochentumore, Herztumore, die Schilddrüsenunterfunktion oder auch die Fettleibigkeit des Hundes nach der Kastration. Eine sehr häufige Nebenwirkung ist die Inkontinenz, die bei bis zu 65 % aller Hündinnen nach der Kastration auftritt, aber durchaus auch beim Rüden nach der Kastration ein Problem darstellen kann. Außerdem weiß man, dass eine Kastration bei beiden Geschlechtern das Risiko für eine Demenz im Alter steigert. Und wer bereits einmal sein Schlafzimmer über Jahre mit einem dementen Hund mit seniler Körbchenflucht und einem Laminatboden geteilt hat, weiß, wovon ich rede …

Nach der Kastration sollte man ein besonderes Auge auf das Gewicht haben.

SCHEINTRÄCHTIGKEIT

Ein weiterer häufiger Grund für die Kastration der Hündin stellt die Scheinmutterschaft da, die aber zum Normalverhalten unserer Hunde gehört. Auch eine nicht gedeckte Hündin wird 63 Tage nach den Stehtagen hormonell in die Scheinmutterschaft kommen, auch wenn wir davon in der Regel nicht allzu viel mitkriegen. Die von Laien häufig als Scheinträchtigkeit bezeichnete Scheinmutterschaft, nämlich die Phase, in der die Hündin beginnt, Quietschtiere zu bemuttern, Wurfhöhlen in den Golfrasen zu buddeln, ein Gesäuge anzubilden und eventuell Milch zu geben, findet erst dann statt, wenn die Welpen schon auf der Welt wären. Diese Besonderheit der Caniden stellt nicht per se ein Problem dar, kann es aber, wenn das Gesäuge wirklich verhärtet, schmerzhaft und entzündet ist. In solchen Fällen kann eine Kastration Abhilfe schaffen – sollte allerdings erst nach Beendigung der Pubertät stattfinden, um bereits genannte Prozesse im Gehirn zu ermöglichen. Ein grober Anhaltspunkt für das Ende der Pubertät ist das Durchlaufen der dritten Läufigkeit bei der Hündin. Sind die Symptome der Scheinmutterschaft nicht übersteigert vorhanden, reicht es oft aus, die Hündin in dieser Zyklusphase abzulenken, zwangszubespaßen und ihr Stofftiere etc., die sie bemuttert, wegzunehmen.

VERÄNDERTER STOFFWECHSEL

Speziell beim Beagle muss auch auf den geänderten Stoffwechsel nach einer Kastration hingewiesen werden, der dafür sorgt, dass der Energiebedarf des Hundes nach der Kastration um bis zu einem Drittel geringer ist, da die Sexualhormone maßgeblich an der Regulation des Stoffwechsels beteiligt sind. Das sollte man auf jeden Fall beachten, da der Beagle ja sowieso zu Übergewicht neigt. Und nein! Eine Kastration ist keine Entschuldigung für einen dicken Beagle, denn trotzdem hat der Halter das Gewicht beziehungsweise den Napf in der Hand.

DIE SACHE MIT DER DOMINANZ …

Hauptgrund für die Kastration (vor allem von Rüden) ist sicherlich die vermeintliche Dominanz beziehungsweise die erhoffte Besserung von Aggressionsproblemen. Doch das meiste, was beim Hund als Dominanz bezeichnet wird, hat mit dieser genauso viel zu tun wie ein Beagle mit Kadavergehorsam oder Sahnetorten mit einer Bikinifigur.
In der Biologie gilt ein Individuum als dominant, wenn es gegenüber anderen Individuen einen

Zwei intakte Rüden im Gespräch …

höheren sozialen Status hat, worauf das Gegenüber unterwürfig reagiert. Behält ein Hund in einer Gruppe von anderen Hunden immer wieder und vermehrt alle Rechte, Freiheiten und Ressourcen für sich, ist er den anderen Hunden gegenüber dominant. Und das Gegenteil von Dominanz ist die sogenannte Subdominanz, also die Unterwürfigkeit. Individuum A schränkt also die Rechte und Freiheiten oder Ressourcen von Individuum B ein und gesteht sich selbst genau diese zu, was von B in aller Regel akzeptiert wird. In diesem Fall ist A dominant und B subdominant.

Die Anerkennung der Dominanz ist aber immer eine freiwillige Leistung seitens des Dominierten, denn Dominanz wird von unten nach oben stabilisiert. Kein Häuptling ohne Indianer, die ihn als Häuptling anerkennen! Und um Häuptling zu sein, bedarf es Souveränität, Stabilität, Erfahrung und guter Führungsqualitäten. Außerdem ist Dominanz keine Eigenschaft, sondern ein Merkmal einer Beziehung, und ist immer zeit- und situationsabhängig. Ein Hund, dessen Dominanz anerkannt wird, hat Aggression gar nicht nötig! Genauso wenig sollten Sie das als Mensch nötig haben.

GRÜNDE HINTERFRAGEN

Für die Kastration eines wirklich dominanten Hundes gibt es keine Argumente. Freuen Sie sich stattdessen lieber über Ihr souveränes Beagle-Exemplar! Beim Thema Aggression des Hundes gilt es zunächst, genau hinzuschauen, welche Aggressionsform den Problemen zugrunde liegt, welche Hormone daran beteiligt sind und wie diese in Zusammenhang mit den Sexualhormonen stehen, und dann sollte an der Ursache gearbeitet und nicht an Symptomen herumgedoktert werden. Handelt es sich zum Beispiel um eine defensive Aggression, wird es nach einer Kastration eher zu einer Verschlimmerung kommen.

Auch gibt es bei der Hündin Untersuchungen, wonach sich die Ressourcenaggression durch eine Kastration um 60 % verschlimmert. Wenn Sie sich unsicher sind, wie sich eine Kastration auf das Verhalten auswirkt, fragen Sie am besten Ihren Trainer, der Sie und Ihren Hund kennt.

Kalt und nass an den Klöten? Wer kann da noch souverän wirken …

UND DER RÜDE?

Oft ist auch eine echte oder vermeintliche Hypersexualität der Grund für die Kastration des Rüden. Dazu ist anzumerken, dass nicht jedes Aufreiten auf einen Artgenossen überhaupt etwas mit dem Sexualverhalten zu tun hat. Junge Hunde testen im Spiel vieles und trainieren Verhaltensweisen aus verschiedenen Funktionskreisen für den Ernstfall. Und zum Ernstfall gehört auch das Sexualverhalten von Hunden. Nichtsdestotrotz würde ich, wenn es immer derselbe Kandidat ist, der entweder unten drunter oder oben auf ist, das Ganze unterbinden, denn sobald einer von beiden genervt ist, ist es kein Spiel mehr, sondern sexuelle Belästigung.

ÜBERSPRUNGSHANDLUNG

Ein weiterer Grund für das Aufreiten kann eine sogenannte Übersprungshandlung sein, bei der der Hund zwischen zwei konträren Verhaltensweisen wie zum Beispiel Angriff und Flucht gefangen ist und ein ganz anderes Verhalten an den Tag legt, zum Beispiel Aufreiten. Oder es ist eine Stereotypie, die dem Stressabbau dient. Natürlich kann es auch „echtes" Sexualverhalten sein, aber dann müsste noch die Frage geklärt werden, ob es sich um Normalverhalten oder eine tatsächliche Hypersexualität handelt. Oder, oder, oder. Und selbst wenn es Letzteres ist, ist noch lange nicht sicher, dass eine Kastration Abhilfe schafft, denn es gibt auch kastrierte Rüden, die komplettes Sexualverhalten inklusive des canidentypischen „Hängens" zeigen. In diesem Fall wäre der sogenannte „Kastrationschip", eine Form der chemischen Kastration, ein sinnvoller Probelauf. Auskunft darüber kann Ihnen Ihr Tierarzt geben, bei Fragen zum Verhalten Ihres Beagles wenden Sie sich an Ihren Trainer.

ER DARF JA NICHT

In diesem Zusammenhang sei auch auf das oft gehörte „er darf ja eh nicht!" als Grund für eine Kastration hingewiesen: Studien an verwilderten Haushunden zeigen, dass 80 % der Rüden nie dazu kommen, sich fortzupflanzen – bei den Hündinnen sind es zwei Drittel. Als Halter haben Sie durchaus das Recht, Ihrem Hund das Aufreiten zu untersagen – machen Sie Gebrauch davon! Nichtsdestotrotz gibt es natürlich auch wirklich die Rüden, die, sobald irgendwo ein Duftmolekül der läufigen Hündin aus dem Nachbarort vorbeifliegt, nichts mehr fressen, in höchsten Tönen Arien singen und nicht mehr ansprechbar sind. Wenn der Stress dadurch für den Hund zu groß ist, kann eine Kastration ihm diesen nehmen. Aber auch hier gilt, dass Sie vorher unbedingt einen chemischen Probelauf machen sollten!

DIE GEGENSPIELER DER STRESS-HORMONE

Eine letzte, wichtige Anmerkung habe ich noch: Hunde, die eine eher labile Persönlichkeit haben und leicht in Stress geraten, werden das nach der Kastration verstärkt zeigen, da die Sexualhormone wichtige Gegenspieler der Stresshormone sind! Das gilt auch für die Hündin. Es gilt also, zu unterscheiden, ob der Stress „nur" durch die Sexualhormone, also beim Rüden durch die Anwesenheit von duftenden Damen, und bei der Hündin durch bestimmte Zyklusphasen ausgelöst wird, oder ob es sich um „ganzjährig" instabile Hunde handelt. In letzterem Fall ist eine Kastration absolut kontraindiziert und beinahe schon als Kunstfehler zu bewerten!

UND DANACH?!

Gerade bei sowieso „dem Fressen nicht abgeneigten Hunden", wie der Beagle einer ist, sollte nach der Kastration ein verstärktes Augenmerk auf das Gewicht gelegt werden. Da die Sexualhormone maßgeblich an der Regulation von Stoffwechsel und Appetit beteiligt sind, ändert sich das meistens nach der Kastration. In der Regel brauchen Kastraten circa ein Drittel weniger an Energie, und man sollte die Ration nach der Kastration anpassen, wenn der Beagle dann zu Gewichtsproblemen neigt. Es gibt extra Light-Futter oder sogar Futter für Kastraten, und wenn Sie die Ration selbst zusammenstellen, sollten Sie sich eine entsprechende Ration berechnen lassen, da Sie, wenn Sie auf Dauer einfach FdH (Friss die Hälfte) machen, eben nicht nur den Energiegehalt der Ration kürzen, sondern auch den Gehalt an Vitaminen, Spurenelementen und Mineralien. Sicherlich ist das kurzfristig kein Problem, aber auf lange Sicht sollten Sie Ihr Schlappohr ausgewogen ernähren. Dazu kommt, dass ein Light-Futter, von dem dann eine etwas größere Menge gefüttert werden darf, sicherlich auch glücklicher macht – denn nur ein satter Beagle ist ein glücklicher Beagle!

Da die Sexualhormone auch für den Muskelaufbau, die Straffung des Bindegewebes und die Robustizität von Knochen verantwortlich sind, ist es wichtig, nach einer Kastration für ausreichende Bewegung (was wiederum auch dem Gewicht zugutekommt) zu sorgen, um Probleme mit dem Bewegungsapparat zu verhindern.

Ganz Ohr – trotz des Testosterons!

LOVE
— *is in the air*

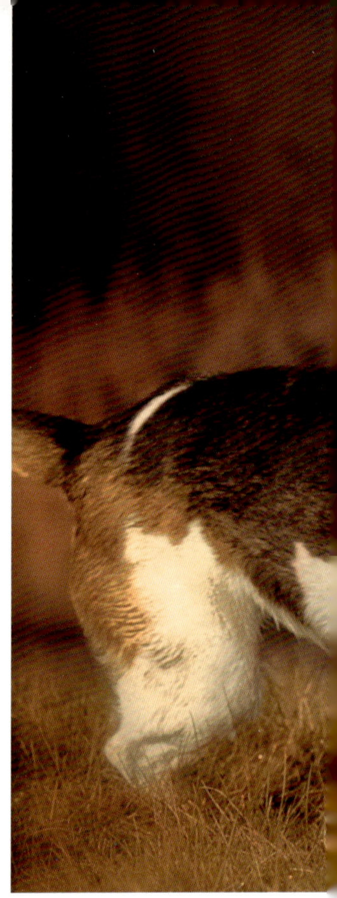

01

Ausgerechnet während ich dieses Kapitel schreibe, werde ich an meine Grenzen gebracht – Love is in the air! Denn ich teile mein Zuhause nicht nur mit vier liebenswerten Hunden, sondern auch mit einem intakten Rüden (Meier a la Johann Wolfgang von Klöten) und einer im Moment mal wieder läufigen Hündin. Und diese hat derzeit nur ein Ziel, das sie ähnlich beharrlich verfolgt, wie ein Beagle: Kinder! Eigentlich fast egal, von wem ... Zu behaupten, dass das spurlos an uns allen vorbeigeht, wäre gelogen. Aber tatsächlich haben Piranha und Meier, der als intakter und erfahrener Rüde genau weiß, wann es sich lohnt, und wann das Werben reine Energieverschwendung ist, weil die Kleine sowieso nicht empfängnisbereit ist, deutlich weniger Stress als Piccolo, der kleine Kastrat, der vom ersten bis zum letzten Tag der Läufigkeit alles gibt, und der überhaupt nicht verstehen kann, dass seine kleine Angebetete dann plötzlich nur noch Augen für den „echten Mann" hat. Damit will ich sagen, dass es ein Trugschluss ist, dass sich mit der Kastration die Probleme liebeskranker Rüden in Luft auflösen. Piccolo würde übrigens auch decken, denn das Buch, in dem steht, dass das kastrierte Rüden nicht mehr tun, hat er nicht gelesen ... Genauso wenig wie Meier das Buch, in dem gesagt wird, dass alle intakten Rüden liebeskranke Triebtäter sind, gelesen hat. Vielleicht sollte ich meinen Hunden mal andere Lektüre zur Verfügung stellen? Und Piranha bekommt das Buch „Nur brave Mädchen kommen in den Himmel"... Trotzdem würde ich sie – ohne medizinische Indikation – nicht kastrieren, weil ich merke, wie gut jede Läufigkeit ihrer Entwicklung tut, und wie sehr diese ehemals hysterische Hündin von dieser Entwicklung und ihren Sexualhormonen profitiert.

02

01 Die Haltung einer Hundegruppe mit intakten Hunden beiderlei Geschlechts ist nicht immer einfach – aber durchaus möglich!

02 Piranha ist nur in den Stehtagen für Meier interessant – alles andere wäre für einen intakten Rüden Energieverschwendung. Was Meier am Halsband trägt, ist übrigens ein GPS-Tracker.

ICH BIN DANN MAL WEG! JAGDVERHALTEN DES BEAGLES

In einem Beaglebuch kommt man nicht umhin, dem Jagdverhalten ein eigenes Kapitel zu widmen. Vermutlich kennen Sie die Gründe – Ihr Beagle kennt sie auf jeden Fall!

Zunächst finde ich es wichtig, Verständnis für den Beagle zu schaffen. Wir halten Hunde, die für einen ganz bestimmten Zweck gezüchtet wurden, und haben hinterher oft Probleme, wenn diese Arbeitstiere als reine Familienhunde gehalten werden. Wir produzieren Spezialisten, deren Talente in diesem Fall im Bereich des Jagdverhaltens liegen, und kämpfen hinterher mit genau diesen Talenten. Und das betrifft nicht nur den Beagle, das gilt genauso für die Hütehunde, Herdenschutzhunde etc. Tatsächlich würde ich prinzipiell sagen, je spezialisierter eine Rasse ist, desto schlechter ist sie als „nur Familienhund" geeignet.

Wegen der großen Leidenschaft der meisten Beagles möchte ich mit einem Text meiner Freundin Nadin Matthews beginnen, den ich als sehr passend empfinde, um das, was sich zwischen seinen in diesem Moment verstopften Ohren abspielt, zu beschreiben. Denn zu oft hört man immer noch, dass der Beagle jagen geht, um uns zu ärgern, oder – ein sehr beliebter Spruch anderer Hundehalter, wenn man irgendwo mit Leine, aber ohne Hund wartend im Wald steht – „weil nicht ausreichend an der Bindung gearbeitet wurde".

„Arsch mit Ohren"? Nein, Beaglenase im Einsatz!

AUF DER JAGD
— *nach dem großen Gefühl*

Waren Sie schon mal verliebt? Erinnern Sie sich an das Gefühl der Euphorie? Wie Sie dämlich grinsend durch die Welt liefen, kaum essen konnten, zu einem vernünftigen Gespräch nicht in der Lage waren, dafür aber vor Energie fast geplatzt sind? Sie haben Ihren Körper noch nie in diesem Ausnahmezustand erlebt? Dann werden Sie auch nie einen jagenden Hund verstehen!

01

IM RAUSCH

Jedes Mal, wenn Sie versuchen, Ihre beste Freundin anzurufen, antwortet sie mit hoffnungsvoller Stimme. Doch sie erwartet nicht Ihren Anruf, sondern den eines anderen Menschen. Sobald klar ist, dass es „nur" Sie sind, schleicht sich eine kaum verhohlene Enttäuschung in ihre Stimme. Ihre Freundin ist verliebt, ihr Fokus liegt jetzt ganz woanders. Essengehen mit ihr ist ein Ding der Unmöglichkeit, sie bekommt keinen Bissen herunter. Themen, die sich nicht um den von ihr begehrten Menschen drehen, sind völlig uninteressant. Gemeinsame Pläne spielen keine Rolle mehr. Zu keinem klaren Gedanken fähig, zu keiner Arbeit in der Lage, wartet sie nur auf den Moment, ihn wiederzusehen. Ihr ganzer Körper spielt verrückt.

02

VORÜBERGEHENDE VERRÜCKTHEIT

Genau das ist es, was passiert, wenn Menschen sich verlieben. Eine italienische Psychologin beschrieb das Verliebtsein einst als eine Form von „vorübergehender Verrücktheit": Beim Anblick des geliebten Objekts weiten sich die Pupillen, das Herz schlägt schneller, der Blutdruck steigt. Schuld daran sind Hormone, in erster Linie der Botenstoff Dopamin. In den Hirnregionen, in denen die Motivations- und Belohnungszentren liegen, steigt der Spiegel des Dopamins stark an. Bedürfnisse wie Hunger, Durst oder Schlaf werden unterdrückt. Kein Wunder, dass manche Wissenschaftler die Ansicht vertreten, „verliebte Menschen sollten krankgeschrieben werden", weil sie nicht mehr in der Lage sind, ihren Job ordentlich zu erledigen.

03

HORMONCOCKTAIL MIT SUCHTGEFAHR

Und jetzt stellen Sie sich Ihren Hund vor, der gerade jagt. Taub für Ihr Gebrüll, Gepfeife oder andere Versuche, ihn zu stoppen, rast er über das Feld, weil er am Waldrand ein Reh gesichtet (bzw. als Beagle erschnüffelt) hat. Dabei haben Sie doch alles gegeben: Besser als jeder Windhund scannen Sie die Umgebung und lauschen auf jedes Knacken im Unterholz. An Stellen, an denen Ihnen schon einmal Wild über den Weg gelaufen ist, versuchen Sie über immer neue Suchspiele den Hund abzulenken. Sie rufen ihn häufig mit einem lockeren „Hier" heran, um es nicht nur

01 Angepirscht: Auf der Jagd erreicht auch ein Beagle eine beeindruckende Geschwindigkeit.

02 Meister Lampe – des Beagles Lieblingstier

03 Beagles jagen bevorzugt auf Nase, nicht auf Sicht. Insofern wird die Hasenzugmaschine schnell langweilig.

dann zu tun, wenn es eine schwierige Situation gibt. Das mit der Schleppleine haben Sie bereits aufgegeben, weil Sie sich vom letzten Jagdversuch Ihres Hundes körperlich noch nicht vollständig erholt haben. Und dann kommt es doch: das Reh – und aus Ihrem „Hier" wird ein hektisches „HIIIIIIER", woraufhin Ihr Hund direkt den Kopf hochreißt und beim Erblicken des Rehs auch schon loshetzt. Die Disc-Scheiben in Ihrer zitternden Hand erzielen diesmal sogar einen Körpertreffer. Doch als wäre er aus Stahl, prallen die Scheiben am Hund ab. Selbst die sonst so geliebte Fleischwurst, für die er normalerweise alles tut, halten Sie jetzt wie eine abgewiesene Einladung in Ihrer Hand. Er hat sich entschieden: gegen die Wurst, für das Reh. Während Sie noch darüber nachdenken, was für ein treuloses Tier Sie seit Jahren durchfüttern, sich ärgern, dass wir in Deutschland viel zu viel Wild haben, wütend am Wegesrand stehen und sich schwören, ihn ab morgen (sollte er denn wiederkommen) nicht mehr abzuleinen, passiert im Körper Ihres Hundes etwas ganz anderes. Etwas, das dem Verliebtsein des Menschen sehr ähnelt. Auch bei ihm wird ein Hormoncocktail ausgeschüttet, der Suchtgefahr beinhaltet.

UNERREICHBAR DANK DOPAMIN

Dieser Cocktail, bei dem auch wieder das Dopamin eine entscheidende Rolle spielt, bewirkt ein Hochgefühl, körpereigene Opiate machen dabei schmerzunempfindlich. Es ist ein Feuerwerk der Hormone und lässt den Hund wie besessen erscheinen. Der Herzschlag beschleunigt sich, der Blutdruck steigt, durch die Vergrößerung des Lungenvolumens und durch die starke Durchblutung wird der Körper mit ausreichend Sauerstoff versorgt, um die maximale Leistungsfähigkeit zu erreichen. Nichts anderes mehr wahrnehmend, erinnert selbst der Blick an den eines Verliebten. Unterschiedlicher können die Empfindungen zwischen Hund und Halter in diesem Moment nicht sein: der eine im Taumel der Glückseligkeit, der andere voller Sorge. Denn Sie warten ja noch

immer, er ist mittlerweile außer Sicht, und ausgerechnet jetzt hören Sie einen Schuss und das Quietschen von Autoreifen. Von dieser Sorge getrieben, senden Sie wie ein Radargerät alle dreißig Sekunden ein „Hier" als Information für den Hund, dass Sie noch da sind. Falls er überhaupt irgendetwas hört, kann er sich also sicher sein, dass Sie auf ihn warten. Einfach ins Auto steigen und wegfahren wäre sicherlich sinnvoller, wenn da nicht die Straßen wären und die Angst, dass ihm etwas passieren könnte.

MENSCHEN SIND SCHLECHTE JAGDBEGLEITER

Minuten vergehen (beim Beagle auch mal Stunden) und dann sehen Sie ihn: Abgekämpft trabt er auf Sie zu, während Sie eine schnelle Gefühlswandlung durchleben. Die Sorge weicht der Erleichterung, direkt gefolgt von Wut. Leider sind Hunde neben ihren jagdlichen Fähigkeiten sehr talentiert im Deuten menschlicher Körpersprache. Ihre hervorspringende Halsschlagader erkennt Ihr Hund auf mindestens fünfzehn Meter und antwortet mit Demutsverhalten. Auf den Brustwarzen kriechend und mit angelegten Ohren kommt er auf Sie zu. Man könnte fast den Eindruck gewinnen, er wüsste, dass er etwas falsch gemacht hat. Eigentlich ist es aber nur ein Indiz dafür, dass er sich nicht mehr im Jagen befindet, zur normalen Kommunikation wieder fähig ist und dadurch Ihre drohenden Signale richtig interpretiert. Ansonsten würde er wild hechelnd und mit leicht irrem Blick auf Sie zu und dann an Ihnen vorbeilaufen, um weiter zu jagen. Sie konzentrieren sich ein letztes Mal und zwingen sich, die mittlerweile übel riechende Fleischwurst aus der Tasche zu ziehen, mit zusammengepressten Zähnen quetschen Sie sich ein „So ist fein" heraus und belohnen ihn für sein Zurückkommen. Warum auch immer, schließlich ist er erst gekommen, als er fertig war und das nur, weil er nicht allein im Wald leben möchte. Sie wundern sich, warum er Ihnen das immer wieder antut. Er fragt sich, warum Sie sein Hobby nicht teilen.

NICHT NUR EINE FRAGE DER ERZIEHUNG

Eventuell haben Sie trotz aller Wut auch Verständnis für Ihren jagenden Hund. Schließlich jagt er nicht, um Sie zu ärgern, oder weil er Sie nicht ernst nimmt. Jagen ist nicht unbedingt ein soziales Problem und lässt auch keine Rückschlüsse auf die Erziehung zu. Da können Hunde noch so gut im Alltag kooperieren, stundenlang vor dem Supermarkt ohne Leine liegen und warten, zu Hause unauffällig und ruhig sein, mit Kindern lieb und auf dem Agility-Platz ein Ass sein: Wenn eine jagdliche Situation entsteht, läuft bei manchen Vierbeinern das genetisch fixierte Programm ab. Hormongesteuert sind sie gar nicht in der Lage, anders zu reagieren. Wissenschaftlich lässt sich das ganz einfach erklären. Der körpereigene Cocktail versetzt den Hund in eine geradezu zwanghafte Situation, hinterherhetzen zu müssen, und belohnt ihn mit einem rauschähnlichen Zustand. Aber man muss nicht einmal die Wissenschaft bemühen, um das Verhalten Ihres Hundes zu erklären. Manchmal reicht es auch, einem von der Hatz gerade zurückkehrenden Hund ins Gesicht zu schauen. Dieser Ausdruck in den Augen, die langgezogenen Mundwinkel: Das pure Glück schäumt Ihnen da entgegen.

Auf der Jagd nach dem großen Gefühl. Das Jagen gleicht einem Bad in Glückshormonen.

AUF DER JAGD

Vielleicht hatten Sie ja schon ein- oder zweimal die Chance, das Reh früher als Ihr Hund zu sehen, ihn anzuleinen und damit das Schlimmste zu verhindern. Doch das hechelnde Wesen am anderen Ende der Leine dann noch dazu zu bringen, sich auf Sie zu konzentrieren und das Wild keines Blickes zu würdigen, ist eine ganz andere Sache. Denn wenn ihn die Hormone schon durchströmen, dann ist er für Ihre Anliegen kaum noch zugänglich. Oder haben Sie mal versucht, einen verliebten Menschen von der Notwendigkeit einer nur dreitägigen Reise zu überzeugen, die ihn oder sie vierhundert Kilometer weg vom geliebten Objekt führen würde? Keines Ihrer Argumente, die teuren Stornokosten, die Vorfreude, die man monatelang über das bald anstehende verlängerte Wochenende teilte, der Hinweis auf die Freundschaft, die bei einer Absage schwer geschädigt werden würde ... Nichts wird den von Dopamin durchfluteten Menschen dazu bringen, doch noch mitzufahren. Nicht einmal, wenn noch gar nicht klar ist, dass das Ganze ein glückliches Ende nehmen wird, der oder die Verliebte möglicherweise drei Tage unverrichteter Dinge nur seine/ihre leere Mailbox abhören kann, nichts wird ihn/sie von der Nähe des begehrten Menschen entfernen. Und nun erklären Sie Ihrem Hund mal, dass das mit dem Reh keine gute Idee ist. Dass es im Falle einer Hatz zwei Tage kein Futter und fünf Tage keinen langen Spaziergang mehr gibt. All das wird ihn nicht vom Jagen abhalten. Er kann nicht anders, er ist auf der Jagd, nicht nach Nahrung, sondern nach dem großen Gefühl. So wie wir alle.

LEIDENSCHAFT LÄSST SICH NICHT ABSTELLEN

Das ist der Grund dafür, dass die meisten Erziehungs- und Unterbrechungsmethoden bei einem jagenden Hund nicht dazu führen, dass er nicht mehr jagen will. Sie können niemandem ausreden, verliebt zu sein. Denn es ist keine vom Verstand zu steuernde Entscheidung, die da gefallen ist. Wir kriegen das Jagdverhalten nicht aus einem Hund heraus, schließlich haben wir es auch nicht hineingetan. Was bleibt, klingt nüchtern: Jagdverhalten lässt sich allenfalls kontrollieren, aber der Wunsch danach nicht abstellen. Realistisch ist der Anspruch auf Kontrolle über das Jagdverhalten, also ein lebenslanger Reibungsprozess mit dem Hund. Es wird ein Kampf gegen seine Genetik und gegen die Hormone bleiben. Und gerade die werden es Ihnen nicht leicht machen, mit einem Ruf noch in den Kopf Ihres Hundes zu kommen. Dazu gehört einiges an Vorarbeit, das Trainieren in realistischen Situationen und ein gutes Timing. Deshalb ein letzter Tipp: Wenn Sie gerade selbst verliebt sind, lassen Sie Ihren jagenden Hund besser an der Leine. Es sei denn, Sie haben es auf den Förster abgesehen.
(Nadin Matthews, Dogument)

VERLIEBTE BEAGLES …

Falls Sie also schon mal verliebt waren, was ich für Sie hoffe, können Sie jetzt erahnen, was in Ihrem Beagle vorgeht, wenn er den Duft einer frischen Fährte in die Nase bekommt. Sie haben sich nun mal für einen selbstständigen Nasenjäger entschieden, und den haben Sie auch bekommen. Zumindest wird das in 90% der Fälle so sein, aber auch hier bestätigen Ausnahmen die Regel. Wenn Sie zu den glücklichen Ausnahmen gehören, können Sie an dieser Stelle getrost zum nächsten Kapitel springen.
Wenn Sie hier weiterlesen, weil Sie zu den anderen 90% gehören, ist Ihnen mein Mitgefühl gewiss, denn auch ich habe schon einsame Stunden am Waldrand verbracht und kenne das Auf und Ab von „hoffentlich ist ihm nichts passiert" und „wenn er lebend wiederkommt, bringe ich ihn eigenhändig um!". Letzteres ist aber beim Anblick des glücklichen Hundes, der da auf Sie zugetrabt kommt und dabei über das ganze Gesicht strahlt, schnell vergessen, und das ist gut so. Denn irgendwie sind wir ja auch alle in unsere Beagles verliebt. Trotzdem ist die Jagdleidenschaft des Beagles ein Problem, das Sie in vielen Fällen ein Hundeleben lang begleiten wird – genau wie die Schleppleine, die zum unverzichtbaren Accessoire wird.

AUF DER HATZ

Betrachtet man den Ablauf der Beutefanghandlung eines beutegreifenden Säugetiers, zu denen der Beagle nun mal gehört, so kann man im Wesentlichen immer dieselbe Abfolge von aufeinander folgenden Stadien erkennen:

UNGERICHTETE UND GERICHTETE APPETENZ

Es beginnt ganz harmlos, mit der sogenannten ungerichteten Appetenz, also der Suche nach dem auslösenden Reiz. Das Wort Appetenz leitet sich vom lateinischen appetens = „trachtend", „begierig" ab, und das ist Ihr Beagle in diesem Moment,

01

03

02

auch wenn er noch kein konkretes Ziel hat. Danach folgt die gerichtete Appetenz, das Ausrichten auf den Reiz. Das kann sichtbares Wild sein oder – beim Beagle häufiger – der Geruch von Wild. Und jetzt sollten Sie schnell sein, wenn Sie Ihrem Hund nicht weitere Punkte auf seinem Punktekonto gönnen und einsame Stunden am Wald verbringen wollen! Denn danach kommt die nächste Stufe des Jagdverhaltens, die sogenannte gerichtete Appetenz, in der der Hund losrennt, um die Beute zu verfolgen. In diesem Stadium ist es ungleich schwerer, den Hund noch von seinem Vorhaben abzubringen, denn er hat jetzt ein klares Ziel und als Halter eines jagenden Hundes tun Sie gut daran, ihn „lesen" zu lernen und dadurch das Appetenzverhalten bereits im Ansatz zu erkennen. Wurden vorher Grundlagen geschaffen, kann man diese nutzen, um die Appetenz zu unterbrechen und damit das unter Umständen darauffolgende Jagen zu verhindern.

HETZEN MACHT GLÜCKLICH

Denn was danach folgt, gleicht einer Lawine, und wie schwer es ist, eine Lawine aufzuhalten, können Sie sich vermutlich vorstellen: Gerichtetes Annähern (Hund rennt los und wird zum bunten Punkt am Horizont), Zupacken, Töten, Fressen. Es müssen aber nicht zwangsläufig alle Komponenten dieser Kette gezeigt werden, denn bei vielen Rassen sind nur bestimmte Sequenzen des Jagdverhaltens züchterisch hervorgehoben worden. Und beim Beagle ist das eben – wie bei allen Bracken – das Hetzen.
Erschwerend für uns, am anderen Ende der Leine, kommt hinzu, dass das Jagen trotz Misserfolg weiter gezeigt wird – im Gegensatz zu anderen Verhaltensweisen, die, wenn sie nicht zum Erfolg

01 Der orientierende Blick. Wenn der Halter nicht spätestens hier eingreift, ist es oft zu spät.

02 Has' und Beagle – wer ist schneller?

03 Auch ohne Wildfährte macht das Rennen einfach Spaß!

Einmal auf der Fährte, ist alles andere egal.

führen, immer seltener gezeigt und schließlich gelöscht werden. Da jedoch davon auszugehen ist, dass eine begonnene Jagd nicht immer zum Erfolg führt, der Beutegreifer aber auch nicht verhungern darf, hat die Evolution ihn mit dem oben beschriebenen dopaminbasierten Selbstbelohnungssystem ausgestattet. Besonders das Hetzen ist davon betroffen. Somit ist garantiert, dass die Handlung des Hetzens trotz Entkommens der Beute immer wieder gezeigt wird. Dazu kommt eine während der Jagd durch den bereits erwähnten Hormoncocktail extrem herabgesetzte Schmerzwahrnehmung. Auch Dornenhecken oder Ähnliches werden Ihr Schlappohr nun nicht mehr aufhalten.

Eine weitere Besonderheit beim Beagle im Vergleich zu vielen anderen Rassen ist die Eigenständigkeit. Die meisten Jagdhunde, wie z. B. Retriever, die Viszlas oder Deutsch Drahthaar, wurden unter anderem auf die Kooperation mit dem Menschen selektiert. Nicht so der Beagle, der eigenständig und „vor dem Schuss" jagt. Und trotzdem ist das keine Entschuldigung, wenn Ihr Beagle jagt, noch nicht einmal eine Erklärung. Denn auch eine Bracke darf erst nach Freigabe durch den Menschen dem Hasen selbstständig hinterher, sonst wäre sie gar nicht mehr zu kontrollieren. Und die Kontrolle über Ihren Beagle sollte in Bezug auf das Jagen von klein auf ein wichtiges Ziel sein.

WOMIT JAGEN NICHTS ZU TUN HAT

Übrigens hat das Jagen bei unseren Haushunden in der Regel nichts mit Hunger oder Fressen zu tun, auch wenn Beagles das sehr gerne tun. In der Regel wartet zu Hause der volle Napf... Es ist vielmehr ein Erbe ihrer Vorfahren, das bis heute auch zu den Hunden gehört. Auch hat das Jagen nichts mit Aggression zu tun – oder sind Sie wütend auf das Schnitzel auf Ihrem Teller?
Um gleich noch mit einem weiteren Vorurteil aufzuräumen: Es gibt keinen Jagd„trieb", darum finden Sie dieses Wort auch nicht in diesem Buch. Biologisch gesehen sind bei einem Trieb ausschließlich innere Antriebe des Hundes dafür verantwortlich, das Verhalten auszulösen. Das ist beim Jagen aber nicht der Fall, denn ein Hase ist ein äußerer Reiz, und darum handelt es sich eben nicht um einen „Trieb".

WAS TUN?

Ihnen Tipps zu geben, ist mir an dieser Stelle unmöglich und wäre unseriös, weil jeder Hund anders tickt, sogar jeder Beagle. Ich kann Ihnen nur von Beginn an den Besuch einer guten Hundeschule empfehlen, in der auf einen verbindlichen Rückruf mehr Wert gelegt wird, als auf korrektes „Fuß!" an der linken Seite mit Blickkontakt. Denn das mag gut aussehen, nutzt im Zweifelsfall jedoch nicht viel.
Gönnen Sie Ihrem Beagle keine Pluspunkte auf seinem Punktekonto, sondern schauen Sie, dass er nach Möglichkeit keine Erfolgserlebnisse verbuchen kann. Denn weil das Jagen solchen Spaß macht und so selbstbelohnend ist, wie kaum etwas anderes, wird es von Mal zu Mal schlimmer werden, und Ihr Fleckvieh ist bald nur noch auf der Suche nach günstigen Gelegenheiten. Denn das ist eine seiner Kernkompetenzen!

ONLINE ODER OFFLINE?

Ich habe – dank langem Training – zwei „Offline"-Beagles, aber ich weiß, dass sie bis heute jegliche Unachtsamkeit meinerseits schamlos ausnutzen. Das gilt auch für Oma Andra, die mit ihren über 16 Jahren zwar vermutlich keine neun Stunden mehr unterwegs wäre, sondern „nur" noch eine halbe, und sich danach drei Tage lang nicht mehr bewegen könnte, weil ihr alles weh täte, aber das wäre ihr in diesem Moment egal. Wir Menschen verlieben uns ja auch ständig auf's Neue, auch wenn es oft schmerzhaft endet. Also sind meine Beiden bis heute „online", wenn ich abgelenkt bin oder in der Dämmerung am Waldrand spazieren gehe. Gelegenheit macht Jäger...
Ab und zu beneide ich Menschen, die mir mit baumelnder Seele und umgehängter Leine begegnen, denke aber im gleichen Atemzug, dass ich dafür Hunde mein Eigen nenne, die z. B. in Punkto Sozialverhalten nicht besser sein könnten. Bei Artgenossenkontakten kann ich die Seele baumeln lassen. Aber wir haben es ja nicht anders gewollt.

Die Schleppleine – lebenslanger Begleiter vieler Beagles

IM JAGDFIEBER

Wenn Ihnen also jemand ein „Antijagdtraining“ für Ihren Hund verspricht, dann streichen Sie das ganz schnell! Sie können ihn mit viel Konsequenz und Glück kontrollieren, aber Sie werden ihm seine Leidenschaft mit keinem Training der Welt nehmen, solange Sie ihm nicht zwei Beine abschneiden. Und irgendwie ist das auch gut so, ist der Beagle doch ein Jagdhund und genau das sein Job. Für mich macht ihn nämlich viel mehr aus als die Schlappohren und die weiße Schwanzspitze, ein Beagle mit einem ausgeprägten „Kadavergehorsam“, der alles tut, um es seinen Menschen recht zu machen, wäre kein Beagle mehr. Apropos weiße Schwanzspitze – Sie erinnern sich, dass sie genau wie das Bunte, dazu dient, dass man sie auch beim Stöbern sogar im Matsch oder Schnee noch erkennen kann?

Ein weiterer Vorteil ist der ausgeprägte Spurlaut, den der Beagle auf der Fährte von sich gibt. Wenn aus dem Wald Töne erklingen, als würde ein Tier gerade furchtbare Qualen erleiden, ist es ein Beagle, der so glücklich ist, wie sonst selten. Wenn Sie allerdings das passende „Hobby“ für Ihren Hund finden, das seine Talente fördert, und Ihnen wie Ihrem Hund Freude bereitet, können Sie „ganz nebenbei“ den Gehorsam verbessern, Ihren Beagle glücklich machen und die Bindung stärken. Denn die Jagdleidenschaft eines Beagles handeln zu können, erfordert viele verschiedene Maßnahmen, von denen eine unter anderem auch die rassegerechte Auslastung ist.

Die Nasen in die Luft

VERBINDLICHE ANSAGEN

Ein weiteren „Tipp“, den ich Ihnen geben kann, ist, dass auch die Kontrolle des Jagdverhaltens zu Hause beginnt. Wenn Sie ihn im Haus, Garten oder sonstwo nicht abrufen können, ist es utopisch, dass es draußen im Ernstfall klappt. Legen Sie Wert auf die Verbindlichkeit Ihrer Ansagen, egal um was es geht, denn wenn Kommandos keine Gültigkeit haben, wird Ihr Beagle das schnell generalisieren. Konsequenz ist eigentlich ganz einfach, wenn auch manchmal anstrengend.

Hierzu ein Beispiel von einem Beagletreffen, auf dem ich kürzlich war: Meier war mit wichtigeren Dingen beschäftigt (nein, es war kein Wild, es waren nur Artgenossen und gut duftende Rüden). Ich sah ihn immer nur in rasantem Tempo vorbeilaufen, auf Ansprache würdigte er mich keines Blickes, er hatte ja offenbar einen dringenden Termin. Also bat ich den Beagle zum Diktat und verlangte von ihm, dass er ein paar Minuten bei mir bleibt – und zwar nicht nur körperlich, denn das sitzt er ab, sondern auch mental. Wir führten ein Gespräch, in dem es um das „Da- und Dranbleiben ohne Leine“ ging. Also drehte ich meine Runden mit Meier und vielen Richtungswechseln, und verlangte auch seinen Blickkontakt, obwohl auch ich mich lieber bequem bei Kaffee und Kuchen unterhalten hätte. Für die herumstehenden Beagler war er schnell ein armer Hund, denn „die sind ja hier, um Spaß zu haben“, und „einen Beagle kann man doch sowieso nicht erziehen“. Spannend ist, dass das dieselben Leute waren, die den Rest des Tages erstaunt waren, dass der Beagle liegenbleibt, wenn er soll oder kein Essen vom Tisch klaut. Das Leben mit einem Beagle ist nun mal kein Kaffeeklatsch …

Ein letzter, nicht ganz ernstgemeinter Tipp: Wenn er Ihnen doch einmal mit wehenden Ohren durchbrennt, weil er Meister Lampe spannender findet als Sie, rufen Sie ihm „Renn dem Hasen hinterher, so schnell Du kannst!“ hinterher, dann haben Sie wenigstens Ihr Kommando durchgesetzt.

Nicht nur farblich passt der Beagle gut in den Wald.

DER BEAGLE ALS JAGDHUND?!

Von Jägern hingegen wird er oft belächelt, weil er in der Regel keine große „Wildschärfe" besitzt, aber das war auch nie sein Job. Ursprüngliche Aufgabe des Beagles ist es, zu brackieren, also den Hasen aufzuspüren und ihn lautstark zu verfolgen, bis dieser wieder zum Ausgangspunkt und damit zum wartenden Jäger zurückläuft. Auch bei der Jagd auf Füchse oder Rehe nehmen Beagle gerne viele Kilometer durch unwegsames Gelände in Kauf, auch wenn am Ende nicht das Packen steht. Wenn ich mir manch größenwahnsinnigen Terrier anschaue, finde ich es eher schlau und beruhigend, dass ein Beagle sich in der Regel nicht mit einem Wildschwein anlegt. Und auch das ist ein weiterer Vorteil, den unsere Schlappohren mitbringen: In der Regel sind sie sehr verträglich mit anderen Tieren, denn alles, was im Haus ist, gehört zur Familie! Das Einzige, was meine Beagles in einem Kaninchengehege im Sinn haben, ist, den Langohren ihre Karotten zu klauen. Sie sehen sich also weniger in der Rolle als Fressfeinde, sondern vielmehr in der des Nahrungskonkurrenten.

Dennoch kann auch ein Beagle ein ernsthafter Jagdbegleiter sein, und an seinen „Schwächen" kann man arbeiten. Auch, wenn es ein seltener Anblick ist, gibt es Jäger, die den Beagle als Jagdgebrauchshund führen, es ist also möglich. Über die Vor- und Nachteile des Beagles als

Jagdgebrauchshund habe ich ein Interview mit der Jägerin Alica Junker geführt, die ihren Beagle als Jagdgebrauchshund einsetzt und sich damit sicher wesentlich besser auskennt, als ich.

TIERSCHUTZ HÖRT NICHT BEIM EIGENEN HUND AUF!

So sehr diese Anlage auch in unseren Hunden steckt, so unverantwortlich ist es doch, sie ihrer Leidenschaft nachgehen zu lassen! Leider lese ich das aber immer wieder in diversen Beaglegruppen, denn der Beagle soll ja schließlich „auch mal Spaß haben, und er macht ja eh nichts…“ Aber zum einen lauern überall Straßen, Jäger und andere Gefahren, und zum anderen sollte der Tierschutz nicht beim eigenen Hund aufhören! Denn auch wenn der Beagle keine Wildschärfe besitzt, ist es doch der pure Stress für das gehetzte Tier, das davon nichts weiß.

DIE NASE – DAS EPIZENTRUM EINES BEAGLES

Spannend ist in diesem Zusammenhang vielleicht noch, dass Beagles meistens absolute Nasentiere sind – man könnte sie sogar als Fachidioten bezeichnen, wenn es um die Jagd geht.
Meine Beiden wollte ich kürzlich für ein Fotoshooting an einer Hasenzugmaschine laufen lassen, die einen „künstlichen Hasen“, also ein Stück Fell, in rasantem Tempo und hakenschlagend über eine lange Strecke zieht. Ein absolutes Highlight für die meisten Hunde, die ich kenne, vor allem Sichtjäger! Aber das sind die meisten Beagles nicht…
Das erste Mal sind sie noch halbherzig mitgelaufen, beim zweiten Mal haben sie den anderen, mit lautem Karacho lossprintenden Artgenossen nur müde hinterher gegähnt und sich auf den Weg zu dem Menschen gemacht, in dessen Taschen sie Leckerchen vermuteten. Ihr Blick sagte: „Das kann man schon mal machen, aber dann ist es doof.“ Die Prioritäten waren also klar, bei einer frischen Wildfährte hingegen könnte ich mit einem halben Schwein winken, es wäre ihnen egal.

Das Epizentrum eines Beagles

ALTERNATIVEN BIETEN

Machen Sie sich bewusst, dass Sie sich mit einem Beagle für einen Hund entschieden haben, bei dem Sie unter Umständen ein Hundeleben lang gegen die Anlagen Ihres Hundes kämpfen müssen. Manchmal macht mir das ein schlechtes Gewissen! Sie können und sollten aber trotzdem seine grandiose Nase fordern und fördern. Legen Sie ihm Fährten, machen Sie Mantrailing, Zielobjektsuche oder andere Formen der Nasenarbeit, um ihn auszulasten. Dann hat er mit Ihnen Spaß. Und trotzdem werden Sie ihn damit zwar ersatzbeschäftigen, aber vermutlich niemals ersatzbefriedigen können.
Mehr zur typgerechten Auslastung eines Beagles finden Sie im entsprechenden Kapitel.

DER BEAGLE ALS JAGDHUND

— *Ein Interview mit Alica Junker*

Die Jägerin Alica Junker führt neben einem Deutschdrahthaar auch ihre vierjährige Beaglehündin Lotte jagdlich. Sie setzt Lotte auf Drückjagden, zum Stöbern und zur Nachsuche ein.

Alica und ihre Lotte

Warum hast Du Dich für einen Beagle als Jagdbegleiter entschieden?

Eigentlich wollte ich nur einen kleinen Hund haben, der mich ab und zu auf der Jagd begleitet und hauptsächlich als Begleithund fungiert. Lotti war aber jagdlich extremst motiviert und irgendwann hat sie mich angesteckt. Da ich aus einer Jägerfamilie stamme, war der Weg nicht weit, selbst den Jagdschein in Angriff zu nehmen.

Kennst Du viele Jäger, die sich auch für einen Beagle als Jagdgebrauchshund entschieden haben?

Nein, leider wird der Beagle nicht mehr so oft jagdlich eingesetzt. Ich kenne Lottis Halbbruder von der Jagd, außerdem werden einige ihrer Vorfahren und andere Hunde aus dem Zwinger auf der Jagd eingesetzt.

Eigentlich ist das sehr schade, denn es ist ein kleiner, vielseitig verwendbarer Hund, der aber auch im Alltag tolle Eigenschaften zeigt und nicht so anspruchsvoll ist, wie ein Vorstehhund. Ich sehe da zum Beispiel Lottis Freundlichkeit gegenüber anderen Menschen, sie ist zwar eher ein zurückhaltender Beagle, wie ich festgestellt habe, aber ich kann sie ohne weiteres jederzeit überallhin mitnehmen. Ein Beagle ist halt ein Beagle, sie schaut sich die Leute erst genau an, außerdem hasst sie es, wenn man sie direkt im Gesicht und an den Ohren streichelt, wenn sie aber jemanden ins Herz geschlossen hat, dann wird dieser Person jedes Privileg eingeräumt.

Wie reagieren die Jäger-Kollegen auf einen jagdlich geführten Beagle?

Das ist natürlich sehr unterschiedlich, leider reagieren viele Jäger anfangs sehr negativ oder man wird belächelt. „Beagles sind unbrauchbar, weil sie nicht scharf sind.“ „Kann dieser kleine Wicht denn irgendwas?“

Am Anfang hat mich das natürlich sehr gekränkt, aber mittlerweile weiß ich, was mein Hund kann, wie zuverlässig sie arbeitet und wie gut ich mich auf sie verlassen kann. Wenn Lotti dann erst einmal bekannt ist (das passiert meist schnell, denn so ein Exot bleibt nicht sehr lange unbemerkt), dann werde ich gern immer wieder zur Jagd eingeladen oder gerufen, wenn die Aufgabe zu Lotti passt.

Ist sie als Einzeljäger gut einsetzbar?

Ja und nein. Auf Rehwild ist Lotti ein spurlauter, sicherer Hund, da sie über einen sehr sicheren Fährtenlaut verfügt, treibe ich ab und an solo mit ihr. Ebenfalls war sie bereits in jungen Jahren darauf bedacht, Raubwild zu jagen.

Schwarzwild war immer ihre Schwäche, Sauen sind für Hunde keine angenehmen Tiere und auf diese Wildart musste ich Lotti genauer ausbilden. Um sie an der Wildart sicherer zu machen und ihr die Angst zu nehmen, war ich mit ihr in einem Schwarzwildgatter. Es war spürbar, dass sie hinterher sehr viel mehr Mut hatte, Sauen standlaut zu verbellen und auf Hilfe zu warten. Mehr erwarte ich an dieser Wildart auch nicht von ihr und dort zeigt sie sich mittlerweile sicherer. Aufgrund der hohen Verletzungsgefahr an Schwarzwild bin ich sehr froh, dass Lotti sich ihre gute Übersicht und den Respekt gegenüber dieser Wildart bewahrt hat.

Lotte im Einsatz – Dienstkleidung ist Pflicht!

Auf der Fährte

Wälder und ihre Gerüche machen Beagles glücklich.

Wo siehst Du die Stärken Deines Hundes? Was ist sein Haupteinsatzgebiet?

Lottis Stärken sind ihre Übersicht und ihr unbändiger Wille. Geht nicht? Gibt's nicht! Jedenfalls auf der Jagd, außerdem ist sie auch im normalen Hundesport sehr führig. Ihre Stärke ist ganz klar ihr Selbstbewusstsein, sie lässt sich nie unterkriegen und findet immer eine Lösung, sie arbeitet so lang, bis es für sie passt. Nicht nur auf der Jagd, sie findet immer irgendeine Lösung, an Futter oder Leckerli zu kommen.

Haupteinsatzgebiet ist die hohe Jagd im Herbst, Drück- und Stöberjagden, das liebt sie. Außerdem setze ich sie gern auf Nachsuchen ein, da ich als Beihund einen Deutsch-Drahthaar habe, der im Zweifel helfen kann. Allerdings sind wir drei da definitiv noch in den Kinderschuhen und machen erst nach und nach unsere Erfahrungen. Ihre Nase am Riemen ist toll und sie liebt die Fährtenarbeit sehr. Aber wie gesagt, für Lotti könnte das ganze Jahr Bewegungsjagd sein, laute Hunde, viele Treiber, quer durch den Wald. Irgendwann kommt sie freudestrahlend zurück.

Hat ein Beagle mit den typischen Eigenschaften auf der Jagd Nachteile?

Man muss sich als Besitzer im Klaren darüber sein, dass diese Hunde sehr weit jagen, das Wild selbstständig über lange Strecken verfolgen und dabei auch Straßen queren können. Sicherlich achte ich darauf, dass Lotti möglichst dort geschnallt wird, wo nichts in der Nähe ist, aber der Zufall ist ein Eichhörnchen. Der Wille dieser Hunde ist riesig, und wenn sie einmal am Stück sind, dann bleiben sie dran. Ich sehe diese Eigenschaft nicht als Nachteil, aber es kostet schon Nerven, wenn man den Hund geschnallt hat und dieser dann für die nächsten drei Stunden auf Nimmerwiedersehen verschwindet.

Wie gut ist sie kontrollierbar?

Lotti ist sehr gut kontrollierbar für einen Beagle. Auf der Jagd macht sie natürlich ihr Ding, ich sehe sie nicht und das ist auch richtig so. Im Alltag ist sie eine sehr angenehme, ruhige und ausgeglichene Begleiterin. Sie lässt sich durch nichts aus der Ruhe bringen, aber das habe ich auch von Anfang an forciert und sie auf stressige Alltagssituationen vorbereitet.

Sicherheitshalber: Schnur dran!

Wenn sie selbstständig jagt, wie lange ist sie weg?

Das kommt ein bisschen auf den Monat an, am Anfang der hohen Jagd, sprich im Oktober auf den ersten Jagden, geht sie lang und weit. Je länger die Saison dauert, umso kürzer werden die Jagden, am Ende jagt sie nur noch an und kommt dann wieder zurück.

In der Regel ist Lotti auf der Jagd drei bis fünf Stunden weg, wobei ich zwischendrin natürlich immer wieder ihren Laut höre, der mir verrät, wo sie ist und was sie jagt.

Apportiert sie auch Wild?

Ja und nein, Lotti würde niemals freiwillig während der Entenjagd ins Wasser steigen. Andererseits apportiert sie sehr gern, besonders die Dinge, die sie tragen kann, wie zum Beispiel Krähen, oder auch mal ein Kaninchen. Allerdings habe ich für die Apportieraufgaben meine Vorstehhündin, daher ist Lotti da entlastet.

Hat sie Wildschärfe?

Bedingt. Sie würgt Marder und kleines Raubwild ab, aber die Schärfe, die mein Drahthaar zeigt, hat sie natürlich nicht. Außerdem würde sie immer dazu tendieren, das Wild zu stellen und zu verbellen, als selbst tätig zu werden. Ein Reh niederziehen oder blindlings irgendetwas jagen und kaputt beißen, das macht Lotti nicht.

Wie ist die Wasserfreude?

Lotti ist eine der miesesten Schwimmerinnen, die die Hundwelt je gesehen hat. Sie schwimmt wie eine Boje, sie hasst Wasser in den Ohren und anderswo, und sie hat nach reichlicher Überlegung beschlossen, dass sie Wasser endgültig nur noch betritt, wenn es draußen mindestens 34,5 °Celsius hat, und dann auch nur maximal bis zum Bauch, wohlverstanden. Ansonsten meidet sie Wasser, wie der Teufel das Weihwasser. Ich kenne aber auch Beagles, die sehr gerne baden.

Lässt sie sich leicht ablenken, oder ist Job Job?

Bei Lotti ist Job Job, egal ob bei der Jagd oder im Hundesport. Sie macht ihre Arbeit so lange und gründlich, bis alles fertig ist.

Dann muss allerdings postwendend der immer hungrige Beaglebauch gefüttert werden. Sie kann ausgesprochen hungerböse werden und obwohl sie sehr sozial ist, kann arger Hunger dazu führen, dass sie anderen Hunden gegenüber ziemlich „ungehalten" werden kann.

ESSEN HÄLT LEIB UND BEAGLE ZUSAMMEN. DIE ERNÄHRUNG

Nach dem Jagen wollen wir uns nun der Beagles zweitliebstem Hobby zuwenden. Oder „Essen hält Leib und Beagle zusammen" – so würde es Meier formulieren. Und ganz unrecht hat er damit nicht, denn schon die alten Griechen wussten, dass nur in einem gesunden Körper auch ein gesunder Geist lebt. Und ein Beagle ist auch nur ein Mensch ...

Rund um die Ernährung des Hundes ranken sich viele Mythen, Halb- und Unwahrheiten, und als Ersthundehalter werden Sie vermutlich ziemlich schnell den Überblick verlieren und unsicher werden, was denn nun die optimale Ernährung für Ihren Beagle ist.
Zunächst einmal kann ich Sie beruhigen: Es wird nichts so heiß gegessen, wie es gekocht wird! Ein Hund wird nicht aggressiv, wenn er rohes Fleisch bekommt, und er stirbt nicht, wenn Sie ihm Fertigfutter füttern – auch wenn man im Internet regelmäßig anderes liest. Vielmehr scheinen Ernährungsdiskussionen den Menschen aggressiv zu machen, aber das ist ein anderes Thema.
Auf die Frage, „Frau Strodtbeck, wie füttern Sie Ihre Hunde?" kann ich also nur antworten: „Teile der Antwort könnten die Bevölkerung verunsichern ..."

ACH DU DICKER HUND?!

Wichtig ist zunächst, dass Sie Ihren Hund ausgewogen und bedarfsdeckend ernähren – auf welche Art Sie das tun, ist Ihnen und Ihrem Hund überlassen. Es gibt Hunde, die mögen kein rohes Fleisch, es gibt Hunde, die mögen kein Trockenfutter, und es gibt Beagles ... Sie werden schnell merken, dass die meisten Beagles höhere Ansprüche an die Quantität als an die Qualität ihres „täglich Brot" stellen. Ich habe von mäkeligen Beagles gehört, aber das ist wohl eher die Ausnahme. Und das hat einen Grund: In der Selektion wurde seit jeher Wert darauf gelegt, dass Meutehunde problemlos, viel und alles fressen – und dabei eine geringe Futteraggression an den Tag legen. Wer sich aufführt und regelmäßig Ärger bei der Fütterung macht, geht nicht in die Zucht.

FUTTERSTRASSE

Wer einer Meute einen Besuch abstattet, kann vielleicht einer Fütterung beiwohnen. Das läuft folgendermaßen ab: Es wird eine Futterstraße gelegt und auf Kommando – und erst dann! – gilt für alle Hunde „all you can eat". Sicher hört man hier und da mal ein Knurren, aber mehr passiert tatsächlich nicht.
Ähnlich ist es nach einer Schleppjagd, wenn 30 Beagles an einem Stück Pansen, dem sogenannten Curée, hängen. Man stelle sich das mit 30 Schäferhunden vor ... Eines der Zuchtziele in den Meuten war also schon immer, dass die Hunde eine geringe Futteraggression zeigen, weil einzelnes Füttern von zum Teil über 70 Hunden nicht möglich ist.
Außerdem sollten sie anspruchslos sein – eine Eigenschaft, die die meisten Beagles bis heute in sich tragen, und die dazu führt, dass auch Ungenießbares, wie zum Beispiel eine Plastiktüte, in der sich anno dazumal eine Wurst befand, vom Beagle schnell als „fressbar" deklariert wird.

In der Not ist der Beagle nicht wählerisch.

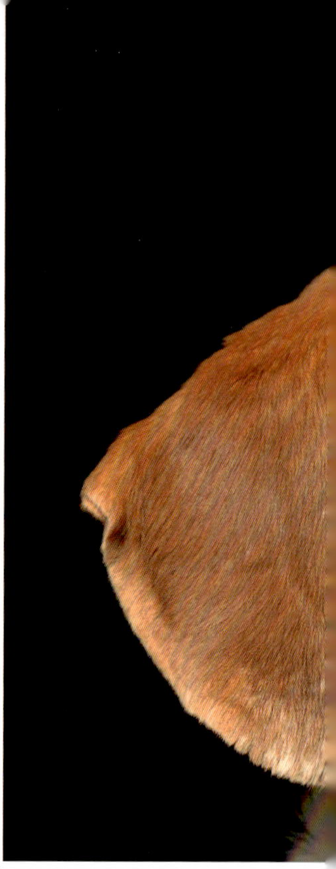

Meier Tell –

DAS „FRESSGEN"

Ein weiterer Grund für die kulinarischen Leidenschaften der Schlappohren ist die Tatsache, dass ein berufstätiger Beagle an einem Tag auf der Jagd Unmengen an Kalorien verliert und in der Lage sein sollte, sich diese möglichst schnell, quasi über Nacht, wieder anzufressen. Es ist also kein Zufall, dass dem Beagle unterstellt wird, ein extra „Fressgen" zu besitzen ...

Es liegt aber am Halter, also an Ihnen, dafür Sorge zu tragen, dass der Beagle trotzdem seine „Bikinifigur" behält! Das Argument „aber er schaut mich immer so hungrig an" zählt nicht, denn ich habe zwar Verständnis dafür, wenn die eigene Impulskontrolle des Nächtens am Kühlschrank endet, aber für Ihren Hund tragen Sie die volle Verantwortung!

Und wenn man weiß, welche Folgeerkrankungen Übergewicht auch beim Hund nach sich zieht, kommt das, was man teilweise draußen an der Leine seinem Menschen hinterherwackeln oder -dackeln sieht, und was nur noch mit Müh' und Not eben noch so als Beagle identifiziert werden kann, schnell einem Verstoß gegen das Tierschutzgesetz nahe.

ES GEHT AUCH SCHLANK

Tatsächlich wurde ich auf einem Spaziergang mit meinen Beagles mal gefragt, was das für Hunde seien. Auf meine Antwort „Beagles" entgegnete mir die Dame: „Und was sonst?" Ich antwortete: „Sie haben keine Papiere, aber es sind Beagles." Daraufhin die Frau: „Ich kenne mich aus, die sind viel zu dünn für Beagles, das sind Beagle-Windhund-Mixe!" Ich bin daraufhin mit Stolz erhobenem Haupt und meinen Beagle-Windhund-Mixen weitergegangen. Denn ein dicker Hund hat nicht nur ein hohes Risiko, Probleme mit seinem Bewegungsapparat zu bekommen, sondern auch – analog zum Menschen – Probleme mit dem Herz-Kreislaufapparat, der Leber, dem Stoffwechsel und vielem mehr. Und ich möchte, dass meine beiden Beagles gesund alt werden.

Bitte achten Sie auf das Gewicht Ihres Hundes – dass man immer wieder Beagles mit annähernd 30 kg sieht, darf nicht sein!

Bei einem Beagle als kurzhaarigem Hund sollte man das letzte Rippenpaar sehen und die Rippen gut spüren können. Das Argument, „wenn ich lange und tief genug im Speck bohre, finde ich irgendwann die Rippen", zählt nicht!

er kann nicht nur fressen!

Kein Vegetarier – aber auch kein Kostverächter!

GRUNDSÄTZLICHES

Caniden sind Beutegreifer und gehören zu den Carni-Omnivoren, also den Fleisch- und Allesfressern. Das heißt, dass ein Hund keineswegs nur tierisches Protein, also Fleisch, benötigt, wie man das oft hört. Denn der Hund hat auch Kohlenhydraten gegenüber eine hohe Toleranz und kann diese gut für sich als Energieträger nutzen. Erst kürzlich wurde nachgewiesen, dass bereits die frühen Vorfahren unserer Haushunde im Gegensatz zu Wölfen in ihrem Erbgut bestimmte Gene besaßen, die für ein Enzym kodieren, das für die Verdauung stärkereicher Kost notwendig ist. Der Hund ist also, was die Ernährung angeht, kein kleiner Wolf! Die Fähigkeit, auch aus Spaghetti und Co Nutzen ziehen zu können, war vermutlich sogar ein entscheidender Schritt in der Domestikation vom Wolf zum Hund. Denn mit der Sesshaftwerdung des Menschen ging auch der Ackerbau einher, und ab diesem Zeitpunkt standen auch öfter getreidehaltige Gerichte, die also einen hohen Stärkeanteil hatten, auf dem Speiseplan. Und Hunde, die diese Essensreste verwerten konnten, hatten einen Selektionsvorteil. Es ist also falsch und unausgewogen, einen Hund mit reinem Fleisch zu ernähren. Außerdem zieht ein zu hoher Proteingehalt häufig Verhaltensprobleme wie Hyperaktivität nach sich und belastet die Organe.

FACEBOOK-POST:

„Vermelde entsetzt: Bei allem politischen Wahnsinn in Deutschland habe ich etwas Wesentliches aus den Augen verloren: Meier hat, auf statistisch relevanten und vor allem signifikanten Schätzungen und Beobachtungen beruhend, die Zone seines Idealgewichtes verlassen. Nach oben. Das erste Mal in meiner Karriere als Beaglehalterin muss ich mir ggf. nachsagen lassen, dass der Kopf meines Beagles (etwas!) zu klein ist.
An alle Burghaslacher in meiner Freundesliste: Falls ihr zufällig beobachtet, dass ich versehentlich den Beagle anstatt der Biotonne vor's Haus schiebe und auf Leerung hoffe, klingelt bitte und weist mich darauf hin!
An Meier: Es werden verdammt harte Zeiten auf Dich zukommen!"

Wenn man alleine und die Verlockung zu groß ist … Unter Beagles ist Mundraub eine unwesentliche Bagatelle.

REGIONALE UNTERSCHIEDE

Allerdings wurde in der besagten Studie auch nachgewiesen, dass es regionale Unterschiede gibt. So werden zum Beispiel die nordischen Hunde seit jeher fast ausschließlich mit Wal- und Robbenfleisch sowie Fisch ernährt, wohingegen die Hunde der Nomaden ausschließlich Hirsebrei mit Ziegenmilch erhielten. Entsprechend haben sich die jeweiligen Verdauungstrakte bzw. die Ausstattung an Verdauungsenzymen angepasst. Und wenn wir uns jetzt die traditionelle Fütterung der Meuten anschauen, so bekamen die über sehr lange Zeit kohlenhydratlastiges Futter und kamen offenbar gut damit zurecht. Zumal Kohlenhydrate schnell verwertbare Energie liefern, und die wiederum braucht man auf der Jagd. Trotzdem, und das muss deutlich gesagt werden, ist die vegetarische oder gar vegane Ernährung von Hunden in meinen Augen tierschutzrelevant.

DIE FUTTERPRÄGUNG

Meines Erachtens nach ist eine abwechslungsreiche Fütterung vor allem in den sensiblen Phasen der Entwicklung immens wichtig, um den Hund an alle möglichen Futtersorten zu gewöhnen. Denn dass es auch eine Futterprägung gibt, ist nachgewiesen! Diese beginnt sogar bereits im Mutterleib, wenn die Hündin nur ein spezielles Futter bekommt. Dann gelangen nämlich Substanzen aus dem Futter in die Welpen und sorgen dort für eine erste Prägung. Wenn die Welpen auf der Welt sind, geht die Prägung weiter, weil die Mutter bei jedem Abschlecken der Kleinen über ihre Maulflora und die Milch weiterhin Bestandteile des Futters an die Welpen weitergibt. Und wenn der Nachwuchs dann beginnt, selbst Futter zu sich zu nehmen, nimmt die weitere Prägung ihren Lauf. Zu Beginn der Pubertät wird auch die Präferenz auf bestimmte Nahrungskomponenten erneut überprüft und infrage gestellt – das ist auch der Grund, warum viele Hunde – sogar Beagles! – in diesem Alter oft plötzlich ihr Futter, das sie bislang mit Begeisterung inhaliert haben, nicht mehr fressen. Biologisch gesehen macht das Sinn: Stellen Sie sich Folgendes vor: Ein kleiner Wolf, der irgendwo im Landesinneren im Kaninchenparadies aufgewachsen ist, wandert in der Pubertät ab, und es verschlägt ihn an die Küste. Würde er keinen Fisch mögen, wäre das unter Umständen problematisch, also muss er sich in der Phase des Abnabelns von der Familie und bisherigen Gewohnheiten neu orientieren.

MÖGLICHST BREITES NAHRUNGS-SPEKTRUM

Solange Sie einen gesunden Hund ohne Unverträglichkeiten und Allergien Ihr Eigen nennen, ist das alles kein Problem. Vielleicht ist das beim Beagle auch seltener ein Problem, als bei anderen Rassen, aber spätestens wenn Unverträglichkeiten auftreten, oder aus medizinischen Gründen eine spezielle Diät notwendig ist, ist es ein Vorteil, wenn der Hund ein breites Nahrungsspektrum kennt. Darum sollten Sie unbedingt darauf achten, dass bereits die Mutter in der Trächtigkeit abwechslungsreich gefüttert wird – genauso wie die Welpen, wenn diese mit dem Fressen anfangen. Das heißt, dass Sie durchaus ein bedarfsdeckendes Futter als Hauptfutter aussuchen sollten, aber nebenher auch mal andere Sorten mit anderen Inhaltsstoffen füttern müssen. Die Mutter und die Kleinen sollten Rohes, Gekochtes, Dose und Trockenfutter kennenlernen. Dann haben Sie hinterher nicht nur breit futtergeprägte Welpen, sondern ganz nebenbei kommt das welpliche Immunsystem über die Nabelschnur oder die Muttermilch mit geringen Mengen möglicher Allergieauslöser in Kontakt. Dadurch kann es sich sanft daran gewöhnen, ohne allergisch zu reagieren, was unter Umständen das weitere Hundeleben wesentlich einfacher macht. Dasselbe gilt für den Verdauungstrakt. Stellen Sie sich vor, man hätte mir bis zu meinem 40. Lebensjahr ausschließlich Lamm und Reis gefüttert – was dann nach einer Portion scharfem Chili con Carne los wäre, muss ich nicht en détail schildern. Und ich bin überzeugt davon, dass die sehr enge Fütterung unserer Haushunde einen großen Teil dazu beiträgt, dass es immer mehr Futtermittelunverträglichkeiten und -allergien gibt. Trotzdem sollte sich von selbst verstehen, dass, wenn ein Hund mit einer Allergie oder einer Unverträglichkeit auf eine bestimmte Komponente reagiert, man diese nicht füttern sollte.

„Besitz" ist für den Beagle eine rein bürgerliche Kategorie, aber keine beagleige.

WIE UND WIE OFT FÜTTERN?

Einen Welpen sollten Sie drei- bis viermal täglich füttern, ab dem Zahnwechsel können Sie auf zweimal täglich umstellen. Bei Hunden, die schnell in eine Erwartungshaltung kommen, also bei Beagles, empfehlen sich unregelmäßige Fütterungszeiten, damit Ihr Kleiner nicht bereits eine halbe Stunde vor dem heiß ersehnten Event jammernd in der Küche herumlungert. Würde ich allabendlich um 19.00 Uhr füttern, könnte ich mir sicher sein, dass die Beaglefraktion bereits ab 16.00 Uhr mit vorwurfsvollem Blick auf die Armbanduhr in der Küche steht ...

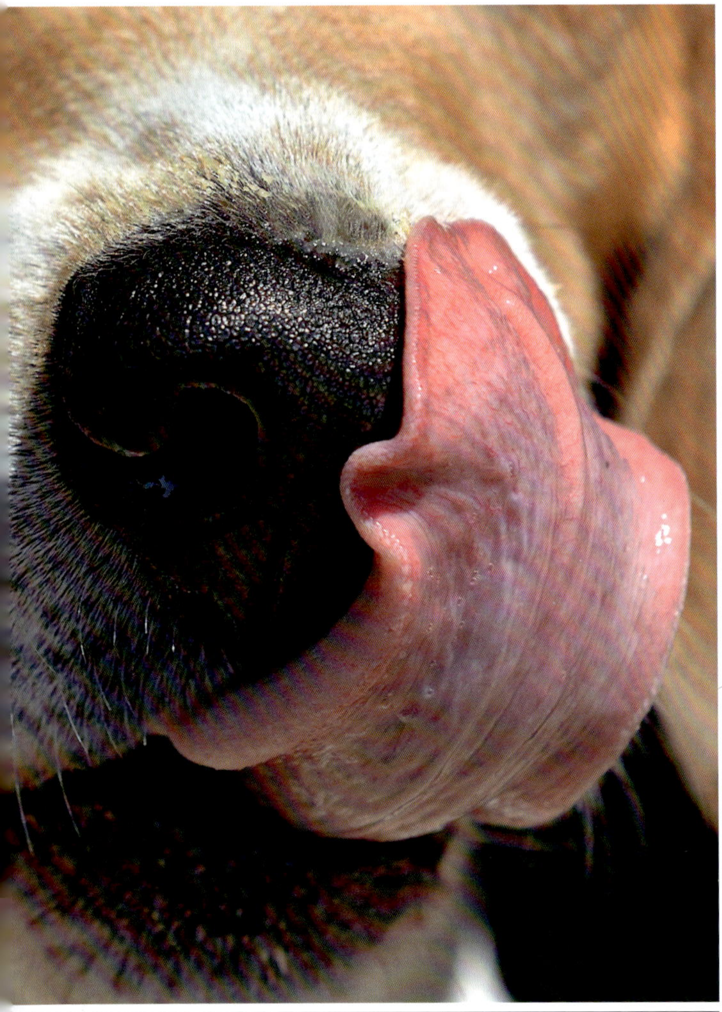

Wo gibt's mehr?!

NO LIMIT?

Keinesfalls sollten Sie ein „all you can eat – Buffet" für ihn bereitstellen, weil es ein Beagle sicherlich nicht schafft, sich seine Ration einzuteilen. Und auf die fatalen Folgen von Übergewicht bin ich bereits eingegangen.
Außerdem ist ein nicht komplett gesättigter Hund, für den die Ressource Futter wichtig ist, sicherlich auch beim Training motivierter. Trotzdem sollten Sie auf keinen Fall ausschließlich den Deal „Futter nur gegen Leistung" mit Ihrem Hund schließen, denn eine unsichere Nahrungslage bedeutet auch für Hunde Stress. Nehmen Sie also ruhig einen Teil der Tagesration als Belohnung mit auf den Spaziergang und füttern Sie ihn, wenn er sich eine Belohnung verdient hat. Aber Sie sollten ihm nicht das Futter verwehren, wenn er nicht kooperiert, sondern ihm trotzdem abends zu Hause mindestens 40 % seiner Tagesration zur Deckung des Grundbedarfs zur freien Verfügung stellen. Denn ein aus Hunger gestresster Hund lernt genauso schlecht wie ein satter! Auch hier ist also wieder die goldene Mitte gefragt. Meine Hunde bekommen übrigens selten alles aus dem Napf, sondern ich nutze das Futter auch zur Beschäftigung und streue einen Großteil davon im Garten auf die Wiese, oder verstecke, wenn es etwas Rohes gibt, die Brocken im Garten, sodass sie ihre Nasen benutzen können und müssen. So habe ich zwei Fliegen mit einer Klappe geschlagen.

REINE HANDFÜTTERUNG?

Mit einem Beagle werden Sie früher oder später (vermutlich früher) den Tipp bekommen, ihn ausschließlich gegen Kooperation und aus der Hand zu füttern. Tatsächlich mussten auch meine Hunde anfangs hart für ihr Gehalt arbeiten, heute plädiere ich jedoch für das bedingungslose Grundeinkommen. Stellen Sie sich einmal vor, Sie wissen nie, wann es das nächste Mal etwas zwischen die Zähne gibt? Eine blöde Vorstellung, die Sie in Stress versetzt? So geht es Hunden, die ausschließlich gegen Kooperation und Arbeit Fressen bekommen, weil das angeblich gegen das Jagen hilft. Inzwischen weiß ich, dass dem nicht

so ist. Und nicht nur das, es ist auch absolut unbiologisch für einen Caniden, vor allem für einen jungen, auch wenn diese Philosophie immer genau mit dem Gegenteil argumentiert. Wenn Sie sich aber die Biologie von Hunden bzw. Wölfen anschauen, wird bei weitem nicht, wie behauptet, nur im Rudel gejagt, und auch ohne Kooperation verhungert ein Wolf nicht so schnell. Sonst gäbe es vermutlich keine mehr. Ganz im Gegenteil: Gerade Jungtiere werden versorgt und durchgefüttert. Bei der Jagd stören die Schnösel eher, als dass sie sich nützlich machen, und trotzdem bekommen sie ihren Teil vom Braten ab. Und Wölfe jagen entgegen der immer noch gängigen Meinung nicht ausschließlich im Rudel, sondern ernähren sich hauptsächlich von Kleintieren wie zum Beispiel Mäusen oder Kaninchen, weil das weniger Einsatz erfordert und ungefährlicher ist. Das Rudel ist in erster Linie für die Sicherung des Territoriums da. Und wenn es nicht anders geht, wird auch mal gemeinsam ein großes Beutetier gejagt.
Auch bei Hunden plädiere ich dafür, den Erhaltungsbedarf, also ca. die Hälfte der Ration ohne die Einforderung einer Gegenleistung frei zur Verfügung zu stellen. Gegen Leckerchen unterwegs ist natürlich trotzdem nichts einzuwenden – wenn meine Beaglefraktion sich von einem Reh abrufen lässt, gibt es hier auch „all you can eat“. Der Umkehrschluss, dass sie sich, wenn sie nur genug Hunger haben, eher abrufen lassen, ist hingegen ein Wunschdenken. Das wird bei keinem echten Jäger funktionieren. Wenn die „Fährte aller Fährten“ unseren Weg kreuzt, kann ich auch mit einem halben Schwein winken, es interessiert sie nicht. Jagen ist zu selbstbelohnend für Hunde, da kann Futter nicht mithalten.
Und Futter zur Stärkung der Bindung? Eine Futterhand ist beliebig austauschbar …

IHRE BESTELLUNG, BITTE?!

Die Frage nach dem „Was“ kann ich Ihnen nicht beantworten, außer dass Sie, wie bereits erwähnt, auf eine bedarfsdeckende Ernährung Wert legen sollten. Oft wird an dieser Stelle das Argument angebracht, dass der Wolf sich auch nicht an strikte Ernährungspläne hält. Doch nicht nur in Bezug auf die Ausstattung an Verdauungsenzymen gibt es Unterschiede zwischen Wolf und Hund, sondern auch in Bezug auf die Ansprüche, die die

Schlechter Service! Bei Wasser und trocken Gras …

... und nach dem Fressen ein erholsames Verdauungsschläfchen!

Natur an den Wolf und wir an unsere Hunde stellen. Die Natur ist voll und ganz zufrieden, wenn ein Wolf seine Gene ein- bis zweimal weitergibt und dann abdankt – wir wünschen uns aber, dass unsere Hunde möglichst alt werden und dabei gesund bleiben. Und da spielt die Ernährung sicherlich eine wichtige Rolle.

PERSÖNLICHE VORLIEBEN

Und auch wenn ein Beagle, was die Fütterung angeht, ein relativ anspruchsloser Hund ist, so gibt es doch sogar unter ihnen mäkelige Exemplare, die kein rohes Fleisch mögen oder kein Trockenfutter beziehungsweise kein Nassfutter. Da vor allem für die vierpfotigen Biotonnen Fressen sehr viel mit Lebensqualität zu tun und somit einen hohen Stellenwert hat, sollte man den Geschmack des Hundes berücksichtigen, auch wenn er vielleicht nicht die eigene Philosophie trifft.

Genauso muss das Futter auch für den Halter passen – den frischen Pansen auf dem Küchentisch zu zerlegen, ist sicherlich nicht jedermanns Sache ...

Vielen Hundehaltern fällt es verständlicherweise schwer, im Wirrwarr der Philosophien, Fütterungsarten und Futtersorten den Überblick zu behalten. Lassen Sie sich nicht verrückt machen! Entscheidend ist nicht die Art der Fütterung, also ob Sie roh, gekocht oder fertig füttern, sondern die Zusammensetzung der Nahrung, denn sowohl ein Zuviel als auch ein Zuwenig an den verschiedenen Nährstoffen zieht unter Umständen gravierende Folgen in Gesundheit und Verhalten nach sich. Wenn Sie das Futter selbst zusammenstellen, lassen Sie sich die entsprechenden Rationen berechnen – es gibt Tierärzte, die speziell Rationsberechnungen für Hunde anbieten. Für was Sie sich auch entscheiden, wichtig ist, dass Sie und Ihr Schlappohr damit klarkommen!

DER WACHSENDE JUNGSPUND

Natürlich gilt es, das passende Futter für die entsprechende Lebensphase zu füttern. Ein Welpe hat einen anderen Bedarf als ein erwachsener Hund, und der wiederum als ein Senior. Bei einem Welpen sollten Sie nicht nur beachten, dass er mehrmals am Tag kleinere Portionen bekommen sollte, sondern auch, dass er alles erhält, was er für ein gesundes Wachstum braucht. Zur Orientierung dient die Wachstumskurve, an der Sie ablesen können, ob sich Ihr Kleiner noch in der Norm befindet. Denn ein zu schnelles Wachstum durch einen zu hohen Energiegehalt zieht Probleme mit dem Bewegungsapparat nach sich, und eine Unterversorgung bedeutet Mangelerscheinungen. Die goldene Mitte, also ist weder eine Turbomast noch ein „Großhungern", der richtige Weg.

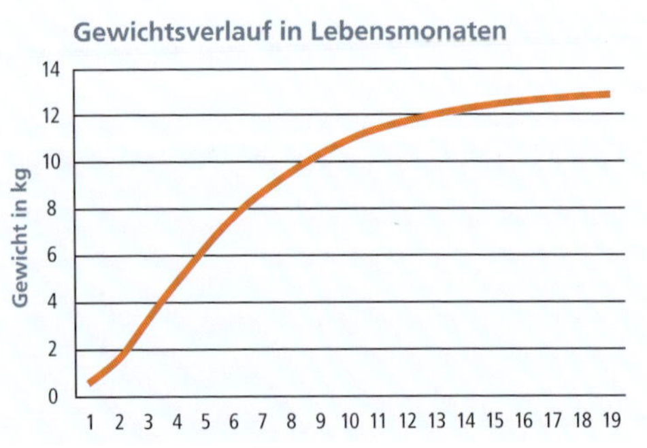

01

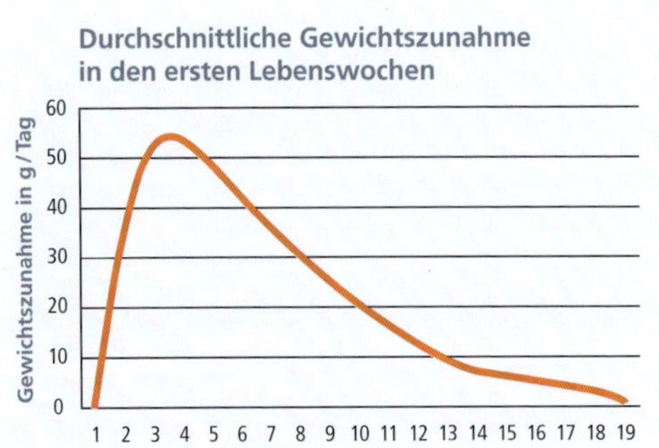

02

03

04

Füttern Sie bis mindestens zum Zahnwechsel ein Futter mit einem relativ hohen Proteingehalt (ca. 30%), das braucht ein Welpe für sein Wachstum. Mit dem Zahnwechsel können Sie auf ein Futter mit einem etwas reduzierteren Proteingehalt umstellen, da der Hund jetzt nicht mehr ganz so schnell wächst. Viele Firmen bieten für diese Phase ein „Juniorfutter" an. Und ab dem 10. Lebensmonat können Sie auf ein Futter für adulte Hunde umstellen.
Ein Futter für erwachsene Hunde ist nicht bedarfsdeckend für Welpen oder Junghunde, und ein Mangel oder eine Überversorgung in der wichtigen Wachstumsphase zieht unter Umständen das ganze Hundeleben Probleme nach sich. Orientieren können Sie sich grob an nachfolgender „Wachstumskurve" und der täglichen Gewichtszunahme von Beagles in den ersten Lebensmonaten.

05

06

GRAUE SCHNAUZEN

Auch bei einem Hundesenior sollten Sie selbstverständlich auf seine entsprechenden Bedürfnisse eingehen. Es ist ganz normal und gehört zum Altern dazu, dass sich der Stoffwechsel verlangsamt und ein alter Hund entsprechend einen geringeren Energiebedarf hat und schneller zunimmt als ein jüngerer. Das Phänomen kennen wir ja auch von uns selbst … Achten Sie also beim Senior strikt auf das Idealgewicht – und zwar auf das, was Sie als Idealgewicht sehen, und nicht das, was der Beagle darunter versteht! Auch sollten Sie beachten, dass das Futter leichtverdauliches Protein enthält, weil das für den Erhalt der Muskulatur wichtig ist, dass aber der Proteingehalt trotzdem nicht allzu hoch sein sollte, weil das die Nieren, die beim alten Hund sowieso oft Probleme machen, zusätzlich belastet. Geben Sie einem Senior gegebenenfalls mehrere kleine Portionen am Tag, um seinen Verdauungstrakt zu entlasten. Bei einem alten Hund kann es Sinn machen, Trockenfutter – wenn Sie denn welches füttern – einzuweichen. Das steigert die Akzeptanz, sorgt für eine ausreichende Flüssigkeitszufuhr und entlastet die alten Beißerchen. Denn damit haben nicht nur alte Menschen Probleme.
Wenn Ihre graue Schnauze medizinische Probleme wie etwa eine Niereninsuffizienz oder eine Bauchspeicheldrüsenentzündung hat, fragen Sie Ihren Tierarzt nach einer geeigneten medizinischen Diät.

01 – 02 Grafiken zum Gewichtsverlauf und der durchschnittlichen Gewichtszunahme.

03 Wachsende Hunde haben einen anderen Bedarf als ausgewachsene …

04 … aber trotzdem immer Hunger! Früh übt sich schließlich, wer Beagle werden will.

05 Auch beim Senior verändert sich der Bedarf, er braucht deutlich weniger Energie.

06 Hilfe, Hunger! Zur Not tut's auch ein Stöckchen.

FREIZEIT ODER FREUZEIT?

— *Die Auslastung*

LAUFHUND VERSUS COUCH-POTATO. DAS BEAGLE-PENSUM

Mit dem Beagle haben Sie sich für einen aktiven Laufhund entschieden, dem ein dauerhaftes Leben als Couch-Potatoe nicht ausreichen wird. Das sollte Ihnen vor der Anschaffung auf jeden Fall bewusst sein! Genauso bewusst sollte Ihnen aber auch sein, dass Sie es zum Teil in der Hand haben, wie sehr Ihr Schlappohr Bewegung und Beschäftigung einfordert. Immer wieder lese ich in diversen Beagleforen, dass ein Beagle täglich mehrere Stunden Auslauf benötigt und dass es Beagles gibt, die „am Rad drehen", wenn sie nicht täglich ihre fünf Stunden Auslauf bekommen. Ich frage mich dann immer, wie die Halter das machen, und ob sie sonst nichts zu tun haben? Tatsächlich ist das in fast allen Fällen ein hausgemachtes Problem.

Darüber, dass ein Hund, gleich welcher Rasse, lernen muss, zu entspannen und einmal nicht im Mittelpunkt des Weltgeschehens zu stehen, habe ich bereits ausführlich berichtet. Ein Hund, der es gewohnt ist, jeden Tag kilometerlange Wanderungen mit seinem Menschen zu unternehmen, wird ziemlich schnell auch genau das einfordern. Allerdings – man mag mich an dieser Stelle für eine schlechte Hundehalterin halten – habe ich dafür keine Zeit, weil mich schon der ganz normale Alltagswahnsinn ausreichend auf Trab hält. Und dennoch habe ich, man mag es kaum glauben, absolut entspannte Hunde, die auch mit einem geringeren Tagespensum zufrieden sind, weil sie das kennen. Außerdem ist die Qualität der Auslastung viel wichtiger als die Quantität.

VON RUHIGEN TAGEN UND ANIMATIONSPROGRAMM

Meine Beagles wissen, dass es auch ruhigere Tage gibt, und manchmal habe ich sogar das Gefühl, dass sie einen Tag auf der Couch durchaus genießen. Lassen Sie sich also nicht verrückt machen von dem, was Sie so über die Auslastung eines Beagles lesen.

Allerdings war das bei mir nicht immer so, denn auch ich habe einmal angefangen und bekam damals ungefragt von allen Seiten zu hören, dass man sie nur ordentlich auslasten muss, dann gehen sie nicht jagen. Also war ich mit den Hunden täglich drei bis fünf Stunden draußen unterwegs, und habe dann zusätzlich mit Andra ein wahres Animationsprogramm durchgezogen: Agility, Begleithundetraining, Clickertraining, Tricktraining, Fährten, Rettungshundearbeit, ... Und das Futter wurde zusätzlich erarbeitet. Spätestens mit Hund Nummer drei war das irgendwann nicht mehr zu stemmen, die Zeit wurde knapp, die Tage waren zu kurz. Mein schlechtes Gewissen meinen Hunden und vor allem meinen Beagles gegenüber brachte uns kurz vor den Burnout, der Spaß am Hund und an der Arbeit mit diesem blieb auf der Strecke. Aber wer mit Spaß und Freude und nicht aus einem Zwang oder schlechtem Gewissen heraus agiert, hat entspanntere Hunde. Das heißt natürlich nicht, dass Beagles keine Beschäftigung wollen und brauchen! Jeder Hund hat ein Hobby, man muss es nur finden.

HUND SEIN DÜRFEN

Das Hobby meiner Hunde ist das „Hund-sein". Und hier speziell die Disziplin „wer buddelt das tiefste Mauseloch?" und „wer schafft es, sich in noch stinkenderem Aas zu wälzen als Andra?" mit der Unterdisziplin „verteile es möglichst großzügig auf deinem ganzen Körper und arbeite es tief ein". Wenn ich die Zeit habe, clickere ich hier ein wenig, lege dort eine Fährte, verstecke Leckerlis oder wir gehen joggen. Wenn nicht, dann nicht. Aber wir haben Spaß! Meine Hunde sind ausgelastet und zufrieden, und ich bin es auch. Das einzige „Training", das meine Hunde machen, ist meiner großen Leidenschaft geschuldet: Sie sind die perfekten Models mit allem, was ein Hund dazu können muss. Sie lassen sich überall hin-, rauf- und runterschicken, bleiben in jeder denkbaren (und manchmal sogar undenkbaren) Situation und Position, bringen und halten verschiedene Gegenstände und manchmal habe ich das Gefühl, dass sie ganz gezielt in die Kamera lächeln – das Gesicht natürlich immer der Sonne zugewandt! Die Beaglefraktion ist ruhiger als früher, fordert nicht mehr so viel ein. Es gibt Regentage, da mutiere ich zu einem jener Hundehalter, die ich früher verachtet habe: einem, der sich das grausige Wetter lieber mit den Hunden von drinnen von der Couch aus anschaut. Meinen Hunden kommt das sehr entgegen, mir auch. Natürlich haben sie trotzdem den ganzen Tag etwas zu tun: Wir pflegen unsere Sozialkontakte (sie haben ja das Glück, fast nie alleine, sondern immer bei mir und zu viert zu sein, ein großer Vorteil für einen Meutehund), kuscheln ausgiebig, sie sind die perfekten Büro-, Autorinnen-, Fotobearbeitungs- und vor allem Küchenbegleithunde, sie spielen, sie entspannen und sie genießen das Leben. Echte Luxusköter eben.

01

02

01 Einfach mal Hund sein und seinen eigenen Interessen nachgehen dürfen …

02 Meier, mein Meier! – Auch Sozialkontakte lasten aus.

03 Wälzen macht glücklich!

03

DIE WILDEN VERWANDTEN

Zur Orientierung hilft ein Blick auf das normale Aktivitätsmuster von Wölfen und verwilderten Haushunden: Beim täglichen „Animationsprogramm" kann man sich am Vorbild der Natur orientieren. Ein Hund schläft normalerweise 50 Prozent des Tages. Die anderen 50 Prozent sind aber keinesfalls mit Action gefüllt, sondern werden zum Großteil mit Dösen, Beobachten oder Wacheschieben verbracht. Wirklich aktiv ist ein Hund nur etwa sechs Stunden pro Tag. Leider vergessen das aber viele über der Angst, ihrem Hund nicht gerecht zu werden und ihn womöglich zu wenig auszulasten. Während noch vor nicht allzu langer Zeit die meisten Hunde eher unterfordert waren, dreht sich das jetzt oft ins Gegenteil und artet in Stress für Hund und Halter aus. Dann hat so ein Hund schnell ein Tagespensum erreicht, das ihn überfordert und das ihm keine Zeit mehr für die so wichtigen Ruhephasen ermöglicht. Das Resultat sind dann nicht selten völlig überdrehte Hunde, die gar nicht mehr in der Lage sind, zu entspannen. Wie immer macht es auch hier die Mischung!

JAGDERSATZ?

Natürlich spricht nichts dagegen, sich mit Ihrem Hund dem Hundesport zu widmen, solange es Ihnen und Ihrem Hund Spaß macht und nicht der Ehrgeiz an erster Stelle steht! Jeder Hund hat ein Hobby – Sie müssen es nur finden. Manche Beagles haben Spaß an Agility, die meisten sind glücklich, wenn sie ihre Nase einsetzen dürfen, und es gibt auch unter den Schlappohren begnadete Apportierer. Manche Menschen bewegen sich gerne, andere mögen es ruhig, das Gleiche gilt für Hunde. Es gibt so viele Möglichkeiten, sich mit dem Hund zu beschäftigen. Aber das Schönste, sicherlich auch für den Hund, ist und bleibt die tägliche große Runde.

DIE NASE IM EINSATZ

Wenn man sich aber entscheidet, mit seinem Beagle Hundesport zu betreiben, was liegt dann näher, als seine Nase anzusprechen und eine Jagdersatzhandlung zu etablieren? Sicherlich wird ein Hobby für den Hund nicht alleine ausreichen, seine Passion fürs Jagen abzuschalten, aber es ist eine von vielen Maßnahmen, die dafür nötig sind. Jagdersatzhandlungen bieten dem Hund die Möglichkeit, sein Talent kontrolliert und idealerweise mit seinem Menschen zusammen auszuleben. Sie sind eine Alternative zur „echten" Jagd, sie verbessern den Gehorsam und die Kooperationsbereitschaft mit dem Menschen, führen zu einem zufriedenen Beagle und wirken sogar beziehungsfördernd, wenn sie als Teamwork im Mensch-Hund-Team aufgebaut werden. Wichtig ist dann, dass die Ersatzhandlung das Selbstbelohnungssystem des Jagens anspricht und, ebenso wie selbiges, eine Dopaminausschüttung hervorruft. Denn sonst wird man einen jagenden Beagle kaum davon überzeugen können, es als gleichwertige Alternative anzunehmen. Tatsächlich ist es möglich, z.B. über

Nur ein ausgelasteter Beagle ist ein zufriedener Beagle!

Fährten-, Dummy- oder sonstige Nasenarbeit eine hohe Ausschüttung von „Glückshormonen" zu erreichen. Sorgt man neben dem Aufbau eines solchen Teamworks dafür, dass wirkliches Jagen nicht mehr stattfindet, tritt das eigenständig im Wald gezeigte Beutefangverhalten immer weiter in den Hintergrund, und das Jagdersatzverhalten wird immer wichtiger. Trotzdem würde ich einem entsprechenden Beagle im Wald nie 100 % vertrauen, sondern immer achtsam sein, um Ansätze des Jagens von vornherein unterbinden zu können.

HUNDESPORT

FÄHRTEN

Bei der Fährtenarbeit wird vom Menschen eine Fährte getreten und der Hund sucht die Gerüche der mechanischen Bodenverletzung. Er riecht dabei tatsächlich die beschädigte Erdoberfläche, zertretene Pflanzen und Kleinstlebewesen und sucht mit tiefer Nase.

Der große Vorteil vom Fährten ist für mich, dass man keine zweite Person braucht, wie etwa beim Mantrailing, sondern seinen Hund auch alleine mit einer sogenannten Eigenfährte auslasten kann. Allerdings muss man vorher alleine losziehen und die Fährte legen, sodass man auch hierfür Zeit einplanen muss. Wenn es nicht um exaktes und gemeinsames Arbeiten geht, kann man für Beagles auch gut ein Stück Pansen an einer Schnur am Fahrrad befestigen, eine große Runde über eine Wiese fahren, und den Beagle die Fährte verfolgen lassen, die dann wieder bei einem selbst endet. Das macht meine Beagles glücklich, und der Vorteil ist, dass sie danach wieder bei einem landen. Ähnliches machen Beagles übrigens auch, wenn sie beim Jäger zur Nachsuche eingesetzt werden oder in einer Meute bei Fuchsjagden mitlaufen, es kommt ihrer ursprünglichen Bestimmung also recht nah.

ZIELOBJEKTSUCHE (ZOS)

Beim „Zossen" lernt der Hund, kleine Gegenstände mit einem spezifischen Materialgeruch (Feuerzeuge, Büroklammern, Wäscheklammern etc.), die er vorher kennengelernt hat, zu suchen, zu lokalisieren und in der Platz-Position mit der Nase am Gegenstand ruhig anzuzeigen. Durch die kleinen Gegenstände hat man im Haus und draußen vielzählige Versteckmöglichkeiten und kann den Hund beispielsweise im Trümmerfeld (das fördert die Motorik) oder auf einer Fläche suchen lassen.

Auch die Zielobjektsuche hat den Vorteil, dass man sie alleine, und dazu witterungsunabhängig, betreiben kann. Ein weiterer Vorteil ist, dass der Hund mit seinem Menschen zusammenarbeitet und auch beim ZOS – wie optimalerweise beim Jagen – erst nach Freigabe durch diesen suchen darf.

Die meisten Beagles finden schnell Gefallen am Mantrailing.

MANTRAILING (ENGL. MAN „MENSCH" UND TRAIL „VERFOLGEN")

Das Mantrailen ist eine Personensuche, die sich vom Fährten dadurch unterscheidet, dass der Mantrailer bei der Suche verschiedene menschliche Gerüche voneinander unterscheiden kann und sich trotz vieler Verleitungen ausschließlich an den Geruchsmerkmalen der gesuchten Person orientiert. Personenspürhunde können, im Unterschied zu Fährtenhunden, auch in Gebäuden und auf bebauten Flächen eingesetzt werden. Beim Mantrailing werden die Duftmoleküle der Zielperson gesucht, und nicht die Bodenverletzungen wie bei der Fährtenarbeit. Es wird ein Geruchsträger mit dem Individualgeruch der zu suchenden Person verwendet, um den Hund auf die Spur anzusetzen.

DUMMYTRAINING

Beim Dummytraining, der Königsdisziplin der Retrieverrassen, werden Hunde im Gelände zum Apportieren ausgebildet, wobei sie statt der angeschossenen oder toten Jagdbeute eine Attrappe (Dummy) suchen. Einen Beagle können Sie natürlich auch wunderbar einen Futterbeutel apportieren lassen!

Durch wechselndes Gelände und unterschiedlichste Apportieraufgaben (Markieren, Suchen, Einweisen) ist dies eine sehr anspruchsvolle, interessante und abwechslungsreiche Arbeit für den Hund, die ihn körperlich und geistig fordert. Das gute Zusammenspiel zwischen Hundeführer und Hund ist die Basis jeder erfolgreichen Dummyarbeit. Sie können durch gut gemachtes Apportieren also die Kooperation mit Ihrem Beagle stärken.

LONGIEREN

Das Longieren mit Hund ist eine Auslastungsform, bei der der Hund, ähnlich dem Longieren von Pferden außen um einen Kreis läuft. Er darf diesen nicht betreten und folgt dabei den Kommandos des Hundeführers. Das Longieren ist gut geeignet, um die Kommunikation von Mensch und Hund auch auf Distanz herzustellen, zu verbessern und zu festigen.

AGILITY (ENGLISCH FÜR WENDIGKEIT, FLINKHEIT)

Agility ist eine Hundesportart, die ursprünglich aus England stammt, sich aber inzwischen weltweit größter Beliebtheit erfreut. Beim Agility muss der Hund einen vorgegebenen Hindernisparcours in einer bestimmten Zeit bewältigen, eine möglichst gute Führung durch den Menschen ist hierfür Voraussetzung. Wichtig beim Agility ist meines Erachtens nach, mit viel Ruhe zu arbeiten und den Hund nicht zusätzlich aufzudrehen.

TRICKTRAINING

Sie können Ihrem Beagle auch Kunststückchen beibringen, denn das sieht nicht nur nett aus, sondern lastet Ihren Beagle aus und fördert die Bindung. Ihrer Fantasie sind dabei natürlich keine Grenzen gesetzt! Am besten können Sie ihn mithilfe des Klickers für neue Tricks begeistern, es gibt inzwischen Trickkurse in vielen Hundeschulen.

REITBEGLEITHUND

Wenn Ihr Beagle gut im Gehorsam steht, können Sie ihn auch am Pferd mitnehmen und ihn damit sicherlich glücklich machen und auslasten. Allerdings sollten Sie das wirklich kleinschrittig mit ihm üben, da sonst die Gefahr für Pferd, Hund und Reiter zu groß ist.

Auch Apportieren kann eine gute Auslastung für einen Beagle sein.

HUNDESCHULE?!

Die vorgestellten Auslastungsmodelle sollten Sie sich am besten in einer kompetenten Hundeschule zeigen lassen, da sonst die Gefahr besteht, dass sich Fehler einschleichen. Außerdem macht das Training in der Gruppe meist mehr Spaß, und ganz nebenbei hat Ihr Schlappohr noch Artgenossenkontakte, die zu einer weiteren Auslastung führen und für die meisten Meutehunde das pure Glück sind.

Checkliste

EINE GUTE HUNDESCHULE

Nachfolgend finden Sie eine Checkliste für die Wahl der richtigen Hundeschule:

- ☐ Der Hundetrainer mag Menschen!
- ☐ Eine gute Hundeschule bietet eine Probestunde an und wird Sie nie, ohne Sie und Ihren Hund kennengelernt zu haben, zu einem ganzen Kurs überreden.
- ☐ Vor dem Training führt der Hundetrainer ein ausführliches Beratungsgespräch mit Ihnen.
- ☐ Der Hundetrainer verfügt über eine nachweisbare Ausbildung/Fortbildungen. Ein Hinweis auf jahrelange Erfahrung reicht nicht aus. Man kann Dinge auch jahrelang falsch machen.
- ☐ Die Hundegruppen sind nicht zu groß. Ideal sind max. 6 Mensch-Hund-Teams.
- ☐ Rassetypische Eigenschaften und Ihre eigenen Fähigkeiten werden beim Training berücksichtigt.
- ☐ Hunde mit Verhaltensproblemen werden zunächst individuell und nicht in einer Gruppe betreut.
- ☐ Der Hundetrainer kann jederzeit erklären, warum er etwas tut.
- ☐ Die Hundeschule bietet nicht „die Methode" zum Umgang mit Hunden an.
- ☐ Das Hundetraining findet nicht nur auf dem Hundeplatz statt, sondern auch im wahren Leben.

Das gilt natürlich auch für die „normale" Grunderziehung! Vor allem Anfängern empfehle ich auf jeden Fall den Besuch einer Hundschule! Allerdings sollten Sie eine kompetente Hundeschule suchen, da der Schuss sonst oft nach hinten losgeht und man in der falschen Hundeschule mehr kaputt machen als lernen kann! Denn unter all den Kynopädagogen, Hundeverstehern, Hundeflüsterern, Hundepsychologen, Hundetrainern etc. gibt es leider auch schwarze Schafe.

FÜTTERUNG ALS AUSLASTUNG?

Das bietet sich doch gerade beim Beagle an, oder? Meine Hunde füttere ich selten aus dem Napf, in der Regel verstreue ich ihnen ihre Ration im Garten, sodass sie ihre Nasen einsetzen müssen. Im Zoo nennt man das übrigens „Enrichment", und dort ist es selbstverständlich, dass das Futter zur Beschäftigung genutzt wird. Für mich ist diese Art der Fütterung eine weitere und praktische Möglichkeit der Auslastung, praktisch, wenn zum Beispiel der Tag mal wieder zu wenig Stunden hat. Für die Beagles ist es Spaß.

„Pff, welcher Beagle braucht schon Hundetraining!"

„Moment mal! – Dafür gibt es Kekse?"

Das Trainieren des Grundgehorsams …

… funktioniert mit der richtigen Belohnung bestens!

RONJA RÄUBERTOCHTER
— *Ein Interview mit Vera Reimann*

Vera Reimann ist Hundetrainerin und Halterin der 11-jährigen, dreifarbigen Beaglehündin Ronja Räubertochter. Bevor Ronja zu ihr kam, hatte sie schon ein paar Familien durchlaufen …

Die elfjährige Ronja Räubertochter

Wie bist Du zu Deinem Beagle gekommen?

Ronja durchlief eine recht typische Beagle-Laufbahn. Angeschafft wurde sie, weil sie hübsch und niedlich war und wurde recht unüberlegt vom Vermehrer in einen Haushalt mit zwei kleinen Kindern geholt. Dort lernte ich sie als Kundin kennen. Die Geduld der Familie schwand allmählich, denn Ronja fielen ein echter, handgefertigter Gabbeh-Teppich, Tapeten, Fußleisten, der hochwertige Parkettboden, mehrere Gardinen, eine Carrerabahn, unzählige Handtücher, zwei Fernbedienungen, eine sehr teure Brille, drei Handys, vier Vasen, zwei sehr alte Rosensträucher, Socken, Bettwäsche, Spielzeug, Steckdosen, Geschirr (sie zog die Teller aus dem Geschirrspüler), ein Sessel, Stuhl- und Tischbeine und so viele Nerven, dass man einen neuen Gabbeh-Teppich daraus hätte anfertigen können, zum Opfer. Unterm Strich blieben zu wenig Zeit und Nerven für die Kinder übrig.

Ich half bei der Vermittlung und Ronja kam zu einer jungen Frau mit einer netten Hündin in ähnlichem Alter. Die neue Besitzerin war hunde-

Blödsinn im Kopf und für jeden Blödsinn zu haben!

erfahren, humorvoll, locker und schien soweit perfekt zu passen. Alle waren seelig, bis die ersten Anrufe kamen.

Ronja zerstörte weiterhin Dinge, wurde nicht stubenrein, hatte nur Käse im Kopf und auch hier schienen alle Ideen zu versagen. Mit all unserer Erfahrung kamen wir einfach nicht weiter. Um bei einem Umzug ihr Bad im Farbeimer zu verhindern, nahm ich sie zur Überbrückung bei mir auf – und der Beagle blieb. Erst in der Erholungsphase merkten alle Beteiligten, wie sehr sie die Ruhe nötig hatten. Denn so ein junger Beagle raubt einfach Zeit und Nerven! Damit fing mein langer Weg erst richtig an ...

Wusstest Du damals schon, was Dich erwartet?

Ein ganz klares Nein. Denn alle Bücher dieser Welt können niemals auf das vorbereiten, was dieser Hund anstellte. Wer niemals einen Beagle besessen hat, versteht gar nicht, was das Zusammenleben mit dieser Rasse bedeuten kann. Ich betone kann, denn es soll auch nette und eher unauffällige Vertreter ihrer Art geben. Doch als Hundetrainer dachte ich, das würde schon klappen ... Die Fakten sahen allerdings so aus, dass der Beruf nur auf dem Papier zu stehen schien. Dieser kleine Hund zeigte mir sehr schnell, dass ich nichts konnte, nichts wusste und überhaupt nichts verstand. Ich habe eine harte Lehre mit ihr durchlaufen müssen. Diesen Teil des Daseins als Beaglehalter möchte ich allerdings niemals missen!

Was macht für Dich den Beagle aus?

Seine Art, Lösungen zu finden. Seine unstillbare Neugierde. Seine gute Laune. Seine Geselligkeit. Seine Freundlichkeit in Bezug auf Mensch und Hund. Seine Nachsicht, dem Halter gegenüber. Sein Humor. Sein Ideenreichtum. Seine feine Nase, mit der er seine Umwelt wie ein Staubsauger erforscht. Seine Bewegungsfreude. Sein Hunger auf alles Fressbare. Seine ständige Frage nach dem Warum. Seine Clownerie. Sein Charme. Seine klare Kommunikation. Seine Entschlossenheit. Seine jagdliche Motivation. Seine Begeisterung für körperliche Nähe. Seine Wesensstärke. Seine Charakterstärke. Seine Ehrlichkeit. Und natürlich die samtweichen Ohren!

Hast Du viele Kunden mit Beagles?

Nicht mehr als andere Rassen. Was aber regional durchaus bei Trainerkollegen anders aussieht. Für gewöhnlich kommt der Hilferuf ab der Pubertät.

Was sind die typischen Probleme?

Besonders schwer fällt den Menschen, den Blick auf das Wesentliche zu behalten. Vor lauter Stress und Tränen wird der Hund mit seinen Bedürfnissen übersehen.

Beagles sind sehr anpassungsfähig, aber man kann sie nicht einfach so auf „Funktionalität" umstellen. Bis zu einem gewissen Grad ist der Mensch gefragt, dieser Rasse entgegenzukommen. Wenn man eine Aufgabe für den Beagle hat und ansonsten Struktur und klare Grenzen aufzeigt, ist das ein Anfang. Aber es muss dennoch genügend Humor für die anderen Situationen aufgebracht werden. Und das ist das größte Problem ...

Das Stöbern gehört zu den Hobbies von fast allen Beagles.

Egal wie viel Erziehung ich in diesen Hund stecke, der Beagle hat seine ganz eigene Idee zur Weltanschauung. Dabei die Waage zu halten, was geht, was er darf und was völlig indiskutabel ist, stellt sich als sehr kompliziert dar.

Die härteste Zeit ist die Pubertät. Dieser Hund verlangt dann unserem Gehirn eine enorme Flexibilität ab, während sich sein eigenes Gehirn in dieser Zeit im Umbau befindet und fernab jeglicher Funktionalität ist. Eine anstrengende Kombi.

Wie steht es mit dem Freilauf?

Außerdem die hohe jagdliche Motivation. Der sichere Rückruf ist eine Dauerbaustelle. Die wenigsten Beagles sind ohne Leine sicher draußen unterwegs. Um es dennoch zu erreichen, ist viel Übung und Zeit nötig. Was ich für absolut wichtig halte, denn kein Beagle ist mit lebenslanger Leinenhaltung zufrieden. Freilauf ist wichtig für die Gesundheit und die Psyche des Hundes.

Die Freundlichkeit steht ihr ins Gesicht geschrieben.

Und dann ist da noch die Bellfreude. Beagles sind oft laut und kommentieren äußerst gerne alles in ihrer Umwelt. Vom Türklingeln bis zur Sirene wird jede Gelegenheit, Laut zu geben, freudig genutzt. Sie müssen immer das letzte Wort haben. Und der berühmte Spurlaut oder das „Geläut" zeigt über Kilometer hinweg wunderbar, wo ein Beagle unterwegs ist. Leise und Ruhe liebende Menschen können hiermit durchaus verzweifeln.

Was sind die Vorzüge der Rasse?

Die Freundlichkeit! Das macht ihn zu einem wunderbaren Begleiter in der Gesellschaft. Spaziergänge mit Gleichgesinnten, Urlaub mit Hund, Einkaufsbummel, Restaurantbesuche, Familienausflug, alles kein Problem – mit einer gewissen Vorarbeit. Außerdem die Begabung in der Nasenarbeit. Sie sind begabte Mantrailer, Spürhunde, Objektsucher.

Und dann ist da noch ihre Begeisterungsfähigkeit. Beagles sind sehr leicht zu motivieren und in der Arbeit bei der Stange zu halten, wenn ich weiß wie. Für (in ihren Augen) Unsinnigkeiten haben sie keine Zeit, aber sinnvolle Aufgaben erfüllen sie mit Hingabe.

Toll ist auch die geringe Futteraggression. Das erleichtert das Zusammenleben mit anderen Artgenossen enorm.

Außerdem sind es sehr sportliche und agile Hunde, was für eine Beschäftigung mit dem Hund viele Möglichkeiten eröffnet. Erwähnenswert finde ich auch ihre Nachsicht! Sie verzeihen Erziehungsfehler.

Welcher Mensch ist für einen Beagle geeignet?

Wer sich bewusst für einen Beagle entscheidet, sollte humorvoll sein, das halte ich für die vermutlich wichtigste Eigenschaft. Bei all dem Unfug, den Beagles im Kopf haben, sollte man auch darüber lachen können. Sie lassen ihren Halter gerne albern aussehen, und das sollte man mit einem Augenzwinkern wegstecken können.

Der Mensch für einen Beagle sollte Zeit haben, um sich der Erziehung und den Bedürfnissen des Hundes widmen zu können. Wer ihn acht Stunden täglich alleine zu Hause lässt, bekommt unweigerlich die Quittung. Dafür sind sie ungeeignet.

Und der Mensch sollte Freude an der Bewegung haben, denn Beagles sind recht sportliche und agile Hunde.

Ähneln sich Mensch und Hund wirklich mit den Jahren?

Ist der Beagle Deiner Meinung nach als „Anfängerhund“ geeignet?

Tja, diese Frage kann ich nur mit einem „Jein“ beantworten.

Obwohl der Beagle keinen perfekten Halter braucht, ist ein Vorwissen nötig, um Schlimmeres zu verhindern. Es gilt, Regeln zu beachten, Voraussicht ist nötig.

Ohne Erfahrung im Umgang mit Hunden gerät man mit dem Beagle schnell an seine Grenzen. Er fordert Ideenreichtum, und fehlen Erfahrungen, auf die man zurückgreifen kann, wird es oft schwierig. Schnelle Reflexe, ein gutes Auge und die Fähigkeit, Hunde „lesen“ zu können, sind gefragt, sonst nutzt der Beagle jede entstandene Lücke.

Ronja ist, wie alle Beagles, sehr nachsichtig mit ihren Menschen.

Dazu kommt die Jagdleidenschaft ... Für einen Anfänger halte ich diese Rasse für nicht unbedingt geeignet, wenngleich der Mensch mit einem Beagle unbeschreiblich viel lernt.

Unter fachlicher Anleitung kann es gut gehen, aber auf sich allein gestellt ist ein hundeunerfahrener Mensch mit dieser Aufgabe oft zum Scheitern verurteilt.

Auch Familien mit sehr kleinen Kindern werden zu schnell an Grenzen kommen, denn wenn man blitzschnell dem Beagle übers Feld hinterherrennen muss, aber das Kleinkind am Feldrand wartet, ist das eine blöde Situation. Das Kind könnte sich selbstständig machen, oder der Hund gerät hinter dem Feld auf die Schnellstraße. Wer will sich solche Entscheidungen antun?

Welche Art der Auslastung würdest Du Beaglehaltern empfehlen?

Jede Form der Nasenarbeit ist geeignet. Mantrailing, Objektsuche, Futtersuchspiele und Fährtenarbeit sind, seinen Fähigkeiten entsprechend, hervorragende Beschäftigungsmöglichkeiten.

Ähneln sich Mensch und Hund mit den Jahren tatsächlich?

Bei meinem Hund trifft das jedenfalls zu. Wir sind mit den Jahren zusammengewachsen, wie ein altes Ehepaar. Und wie bei einem solchen Paar haben wir auch Angewohnheiten des anderen angenommen und zu unseren eigenen gemacht. Leider gehören die Macken des anderen auch dazu ...

DARFS EIN BISSCHEN MEHR SEIN? DIE MEHRHUNDEHALTUNG

EIN, ZWEI, VIELE – MEHRERE HUNDE HALTEN

Über die Meutevergangenheit der Beagles wurde in diesem Buch bereits ausführlich berichtet, ebenso darüber, dass der Beagle ein absolut geselliger Hund ist, der sich in der Regel unter seinesgleichen sehr wohlfühlt. Natürlich gibt es auch hier Ausnahmen und auch unter den Beagles Exemplare, die lieber als Einzelhund leben und die Aufmerksamkeit ihres Menschen genauso wenig teilen möchten wie ihr Körbchen.

Das Ehepaar Meier …

WAS SAGT IHR HUND DAZU?

Aber vielen Beaglehaltern stellt sich früher oder später (meist früher!) die Frage, ob eine Zweit-Biotonne einziehen soll. Sowohl für das „Ja" als auch für das „Nein" gibt es zahlreiche Argumente. Zunächst einmal sollte man die eigenen Wünsche hintanstellen und seinen Hund ganz vorurteilsfrei fragen, was er von derartigen Plänen hält. Genießt er die Gesellschaft anderer Hunde? Oder ist er doch lieber verwöhnter Einzelhund und von dauerhaften Artgenossenkontakten schnell genervt? Wie verhält er sich, wenn fremde Hunde bei ihm zu Hause sind?

GUT ERZOGEN?

Eine weitere, sehr wichtige Frage ist die nach der Erziehung des bereits vorhandenen Schlappohres. Denn erst, wenn der Erste, was die Erziehung betrifft, „fertig" ist, würde ich anfangen, über einen zweiten auch nur nachzudenken. Es sei denn, man hat eine leicht masochistische Ader und ist zudem der Meinung, dass Nerven sowieso absolut überbewertet werden … Dem Trugschluss, dass zwei Hunde ein Paar Schuhe dann wenigstens komplett vernichten, sollte man nicht aufsitzen, man sollte in dem Fall eher davon ausgehen, dass man doppelt so viele Paar Schuhe hat, bei denen jeweils ein Schuh zerbissen ist. Und wenn man einen Beagle hat, der nicht alleine zu Hause bleibt, ohne die gesamte Nachbarschaft mit Beaglegeläut zu beglücken, kann man sich sicher sein, dass sie zu zweit in kürzester Zeit vom Solo auf ein Duett umsteigen. Über einen zweiten Hund nachzudenken, weil der erste nicht alleine zu Hause bleiben möchte, ist also eine ganz schlechte Idee. Und glauben Sie mir – auch der Postbote wird zu zweit doppelt so laut begrüßt. Die Beschreibung des Handlings zweier Schleppleinen erspare ich mir an dieser Stelle, denn sie wäre ebenso verworren wie die selbigen ...

Hunde haben die seltsame Eigenschaft, sich in erster Linie vom Menschen unerwünschte Verhaltensweisen von ihren Artgenossen abzuschauen, zumindest gefühlt ist das so. Und in echt ist das noch viel schlimmer. Der zweite Hund sollte also erst einziehen, wenn der erste eine gute Erziehung genossen hat und „durch das Gröbste" durch ist.

PLATZ IST IN DER KLEINSTEN HÜTTE ...

Natürlich sollten auch die eigenen Wohnverhältnisse für zwei oder mehr Hunde angemessen sein. Falls Sie zur Miete wohnen, müssen Sie auch für den zweiten Hund die Erlaubnis des Vermieters einholen. Und es gibt weitere praktische Faktoren, die beachtet werden müssen: Haben Sie ein ausreichend großes Auto, in dem Sie auch zwei Hunde sicher transportieren können?

Und – ganz wichtig – haben Sie die Möglichkeit, auch zwei Hunde im Notfall spontan irgendwo unterzubringen? Und ich rede hier nicht nur vom geplanten Urlaub, sondern auch von echten Notfällen. Was ist, wenn Sie plötzlich krank werden? Ein Hund ist leichter bei Freunden oder Bekannten untergebracht als zwei.

Haben Sie genug Zeit und Aufmerksamkeit, um zwei Hunden, unter Umständen mit unterschiedlichen Bedürfnissen, gerecht zu werden?

Auch über die Kosten für zwei Hunde sollten Sie sich vorher Gedanken machen. Dass zwei Beagles doppelt so viel fressen, zwei Halsbänder etc. brauchen, ist die eine Sache, aber was ist, wenn beide plötzlich ernsthaft erkranken? Reichen die Reserven dann aus? Ich hatte letztes Jahr das Vergnügen, innerhalb von zwei Monaten eine teure Tumor- und eine noch teurere Bandscheiben-OP finanzieren zu müssen ...

... seit vielen Jahren ein eingespieltes Team!

Mehr Hunde bedeuten mehr Freude – wenn man alles richtig macht!

SCHÖNE SEITEN

Doch nun zu den positiven Aspekten, von denen es natürlich auch viele gibt – sonst hätte ich nicht vier Hunde! Um ehrlich zu sein, kann ich mir an den meisten Tagen das Leben mit nur einem Hund nicht mehr vorstellen – an den wenigen anderen Tagen verfluche ich das Leben mit vier Hunden, denn irgendwann vor langer Zeit lautete meine Devise: „Nie mehr Hunde, als man Augen und Arme hat!“ Obwohl ich einschränkend dazu sagen muss, dass es weniger die vier Hunde als die beiden Beagles sind, die dazu führen, dass meine Haarfarbe sich langsam der Meierschen Schnauzenfarbe anpasst. Im Gegensatz zur Beaglefront ist immerhin die Chihuahuafraktion zum Glück offenbar auf der Welt, um es recht zu machen. Und dennoch: Missen möchte ich keinen einzigen! Alleine die Vorstellung, doch noch neue Batterien für die Fernbedienung meines Fernsehers kaufen zu müssen, weil das tägliche Entertainment-Programm durch die bunte Hundetruppe wegfällt, schreckt ab! Und dann ist da ja noch die Sache mit dem ausgesprochen guten Preis-/Heizungsverhältnis der Beagles, und auch der Biomüll muss schließlich irgendwo hin ...

ZUSAMMENSPIEL

Spaß beiseite! Die Mehrhundehaltung ist toll, wenn man die entsprechenden Hunde hat, die das genauso sehen. Hunde sind äußerst soziale Lebewesen, Beagles erst recht. Wenn ich sehe, wie sie kommunizieren, Aufgaben (ver-)teilen,

Das Trio infernale.

Und Tschüß! Das Beagle-Duo geht mal schnell ...

Fraktionen bilden, spielen oder auch einfach nur auf einem Haufen liegen, geht mir das Herz auf und ich vergesse schlagartig den Schleppleinensalat, der mich noch ein paar Stunden vorher wahnsinnig gemacht hat.
Und wenn ich sie doch mal alleine lassen muss, was bei meinem Job glücklicherweise sehr selten vorkommt, dann weiß ich, dass sie eben nicht alleine, sondern zu viert sind. Ich glaube, dadurch den Hunden (und vor allem den Beagles) ein sehr artgerechtes Leben bieten zu können. Doppelte Beagles kosten zwar oft doppelt so viele Nerven, bedeuten aber meistens auch doppelte Freude! Und ich glaube, dass viele Beaglehalter das ähnlich sehen wie ich, denn die Quote der Mehrhundehaltungen scheint unter den „Beaglern" höher zu sein, als bei den Haltern anderer Rassen.

DAS CASTING

Doch welcher soll es denn nun sein? Lassen Sie auf jeden Fall Ihren bisherigen Hund mitentscheiden, wer den Zuschlag für das freie WG-Zimmer erhält. Es nützt niemandem etwas, wenn Sie beim Anblick des neuen Hundes Herzchen in den Augen haben, aber Ihr Beagle sich denkt, dass „eine Kündigung wegen Eigenbedarf" angemessen wäre. Ein Hund ist schließlich auch nur ein Mensch und hat genau wie wir Sympathien und Antipathien. Und das sei ihm auch zugestanden. Nehmen Sie also auf jeden Fall Ihr Schlappohr mit zum Kennenlernen. Am besten ist es, wenn sich die zukünftigen Mitbewohner zunächst an einem neutralen Platz begegnen, bevor man sich die Briefmarkensammlung zu Hause zeigt.

ALTER UND GESCHLECHT

Zum Geschlecht kann man schlecht eine pauschale Aussage machen, in der Regel funktionieren auch gleichgeschlechtliche Lebensgemeinschaften beim Beagle ziemlich gut, aber mit Rüde und Hündin ist man in der Regel auf der sichereren Seite. Allerdings sollte man sich hier beizeiten Gedanken darüber machen, wie die Fortpflanzungskontrolle aussehen soll.

Im Hause Strodtbeck leben übrigens intakte Hündin (Piranha) und intakter Rüde (Meier) problemlos zusammen, Stress hat mit dieser Konstellation nur der kleine Kastrat Piccolo. Trotzdem würde ich sie in den Stehtagen niemals unbeaufsichtigt lassen!

Als optimalen Altersabstand würde ich eine Spanne von circa zwei Jahren sehen. Hunde, die altersmäßig nicht allzu weit voneinander entfernt sind, haben ein ähnliches Aktivitätsniveau und können oft viel miteinander anfangen.

Harmonie pur!

Aber auch manche alte Hunde blühen noch einmal richtig auf, wenn ein Welpe einzieht, für andere hingegen ist es eine Zumutung und sie hätten lieber ihre Ruhe. Auch hier gilt es, den vorhandenen Hund zu „fragen", und die eigenen Wünsche gegebenenfalls hintanzustellen.

Falls Sie sich für eine Kombination aus Jung und Alt entscheiden – viele Menschen tun das, damit im Falle des Todes des alten Hundes kein „Loch" entsteht –, sollten Sie auf jeden Fall sicherstellen, dass der Senior ausreichend Ruhe findet und vom Jungspund nicht belästigt wird, wenn er das nicht möchte. Und natürlich dafür, dass die graue Schnauze weiterhin die Beachtung von Ihnen bekommt, die ihr zusteht! Leider erlebe ich viel zu oft, dass sich das Leben dann fast ausschließlich um den jungen Wilden dreht, der ja noch erzogen werden muss, so süß ist etc. und der alte Hund auf dem Abstellgleis landet. Vergessen Sie nie, dass die Zeit mit einem alten Hund sehr begrenzt ist!

WELCHE RASSE, WELCHER MIX?

Zum Schluss bleibt noch die Frage nach der passenden Rasse / dem passenden Mix, denn das Leben ist ja keine Beaglemeute. Beagle und Beagle geht gut, aber ein Beagle kommt in der Regel auch mit anderen Hunden bestens aus. Im Hause Strodtbeck sind es ja zur Zeit die zwei Zwerge, die eindeutig die Hosen anhaben. Allerdings handelt es sich um sehr robuste und stabile Zwerge, und das ist ein Punkt, den ich beachten würde: Die Interessen / Ansprüche der Hunde sollten kompatibel sein. Einen alten, arthrosegeplagten Hund (gleich welcher Rasse) oder einen eher lauffaulen Hund, kombiniert mit einem jungen, wilden Beagle, halte ich für keine gute Idee. Genauso wenig würde ich auch nur ansatzweise darüber nachdenken, zu meinen beiden Nasenjägern einen Sichtjäger zu gesellen. Je ähnlicher sich die Hunde bezüglich ihrer Hobbys sind, desto einfacher ist es, beiden gerecht zu werden. Aber wie so oft ist Leben das, was passiert, während wir Pläne machen ...

Es bleibt also nur die Feststellung, dass ein Beagle ein großes Abenteuer ist und zwei Beagles oder mehrere Hunde ein noch größeres. Es muss ja nicht gleich eine Meute sein. Wenn man sich im Vorfeld alles gut überlegt, steigert die Mehrhundehaltung die Lebensqualität für Hund und Mensch!

GESUNDHEIT
IST REICHTUM
— Der gesunde Beagle

VORSORGE UND ERKRANKUNGEN

In diesem Kapitel wollen wir uns anschauen, welche Einflüsse dazu führen, dass Sie viele gesunde Jahre mit Ihrem Beagle verbringen können. Wie bei uns Menschen, haben auch beim Hund verschiedene Faktoren Einfluss auf die Lebensdauer. Dazu zählen die Gesundheitsprophylaxe, die Fütterung, die medizinische Versorgung, aber auch die Gene haben einen entscheidenden Einfluss auf die Lebensdauer.
Es muss aber auch deutlich gesagt werden, dass das Ziel niemals die Lebensdauer allein sein darf, sondern immer die Lebensqualität im Vordergrund stehen sollte. Beides, also ein glückliches, gesundes und langes Hundeleben ist natürlich das Optimum, das wir uns alle wünschen. Doch was können wir Halter dazu beitragen?

GESUNDE HUNDE

Die Gesundheitsprophylaxe beginnt schon bei der Anschaffung des neuen Familienmitglieds. Nach allem, was Sie über die Auswahl des Hundes gelesen haben, sollte klar sein, dass ein langes und gesundes Hundeleben mit der Anschaffung eines gesunden Hundes aus einer gesunden Linie beginnt. Wenn Sie sich für einen Hund von einem seriösen und kompetenten Züchter entschieden haben, stehen die Chancen relativ gut, dass er von rassetypischen Erkrankungen verschont bleibt. Aber natürlich können Sie ebenso Pech mit einem Hund vom Züchter, wie Glück mit einem Hund vom Tierschutz haben! Meine Andra aus einem Labor ist mit ihren inzwischen

Hündin Andra, auch im Alter noch das blühende Leben!

16 Lenzen immer noch das blühende Leben, und ich kenne Hunde von tollen Züchtern, die nicht besonders alt werden.
Ich persönlich besitze nur „Gebrauchte", und etwas anderes käme für mich auch nicht in Frage. Aber mir ist bewusst, dass ich damit die „Katze im Sack kaufe", über die Genetik des Hundes nichts weiß und in Kauf nehme, dass er eventuell die ein oder andere Problematik mitbringt, die man hätte verhindern können, wenn man den Hund bewusst ausgesucht hätte. Aber damit lebe ich gerne und auch meine Hunde leben gut damit.

DA IST DER WURM DRIN?

So gut wie alle Hunde werden schon vor der Geburt mit Spulwürmern infiziert. Die in der Mutter lebenden Larven werden in der Trächtigkeit aktiviert und wandern über die Plazenta bis in die Leber der ungeborenen Welpen.Nach der Geburt wandern diese in die Lunge und entwickeln sich dann letztendlich im Darm zu geschlechtsreifen Würmern. Ältere Hunde können sich aber auch jederzeit infizieren, z.B. durch das Fressen von Mäusen.
Ist ein Hund von Würmern befallen, können folgende Symptome auftreten: Darmentzündungen, Blutverlust, Durchfall, Lungenschäden, Blutarmut, Resorptionsstörungen und damit verbundene Mangelzustände.
Da die Infektion eines Welpen besonders schwerwiegende Folgen haben kann, sollte er erstmals bereits mit ca. zwei Wochen und bis zum Alter von zehn bis zwölf Wochen alle 14 Tage mit einem speziellen Wurmmittel für Welpen behandelt werden. Fragen Sie beim Züchter danach! Wurmkuren wirken aber nicht vorbeugend, sondern töten immer nur den aktuellen Wurmbestand! Ein gerade erst entwurmter Hund kann also kurz danach, z.B. nach dem kulinarischen Hochgenuss einer toten Maus, wieder infiziert sein. Um den erwachsenen Hund dennoch nicht ständig nach Schema F mit der chemischen Keule zu belasten, empfiehlt sich eine Kotuntersuchung auf Parasiten durch den Tierarzt – so kann man je nach Ergebnis individuell entschieden, ob eine erneute Entwurmung nötig ist oder nicht.

Fitness hängt auch von der medizinischen Versorgung ab!

SCHUTZIMPFUNGEN

Eine wichtige Maßnahme, um Ihrem Schlappohr ein gesundes Leben und den bestmöglichen Schutz vor verschiedenen Infektionskrankheiten zu ermöglichen, sind Schutzimpfungen!
Leider gibt es die aus meiner Sicht sehr gefährliche Tendenz, Hunde nicht mehr impfen zu lassen. Jeder, der bereits einen Hund an einer der folgenden Krankheiten, gegen die man impfen kann, hat sterben sehen, wird jedoch froh über die Möglichkeit von Schutzimpfungen sein. Denn auch wenn sie durch die Impfungen nicht mehr so verbreitet sind, haben diese Krankheiten nichts von ihrer Gefährlichkeit verloren und sind dank der Impfverweigerer wieder auf dem Vormarsch.

AUSEINANDERSETZUNG MIT ERREGERN

Wie jedes andere Medikament auch, haben natürlich auch Impfstoffe Nebenwirkungen, denn wenn behauptet wird, dass eine Substanz keine Nebenwirkungen hat, so besteht der dringende Verdacht, dass sie auch keine Hauptwirkung besitzt! Das Immunsystem von Hunden muss sich, genau wie bei uns Menschen auch, ständig mit verschiedensten Keimen auseinandersetzen, ganz gleich ob sie aus einer Pfütze saufen, die Schnauze eines Artgenossen abschlecken oder gar andere Hunde einer Analkontrolle unterziehen. Unverständlich ist nur, warum gerade im Zusammenhang mit Impfungen Nebenwirkungen so emotional beurteilt werden und so viel Unrichtiges behauptet wird. Unser Organismus und der von Hunden ist speziell für diese Anforderungen gebaut, ja unser Immunsystem ist trainiert, damit es solchen Herausforderungen gewachsen ist. Das bedeutet, wenn Hund beim Kontakt mit Artgenossen Keime zu sich nimmt, gibt es zwei Möglichkeiten: Entweder ist das Immunsystem schneller und killt den Keim, oder er wird krank, weil der Keim zunächst stärker ist, und das Immunsystem sich mehr anstrengen muss.
Auch eine Impfung bedeutet also für den Körper zunächst nichts Ungewöhnliches, er muss sich ja ständig mit Keimen auseinandersetzen. Entscheidend ist aber, dass bei einer Impfung dem Immunsystem sogar geholfen wird, indem man

Hunde danken uns unsere Fürsorge mit Gesundheit.

Kontakt mit Artgenossen trainiert das Immunsystem.

die Abwehrreaktion unter kontrollierten Bedingungen ablaufen lässt. Dieser Vorgang ist also prinzipiell völlig biologisch und im natürlichen Ablauf des Lebens vorgesehen ...

IMPFINTERVALLE

Über die Notwendigkeit, einen Hund jedes Jahr gegen alles impfen zu lassen, kann man übrigens sicherlich streiten, und sollte es auch, ebenso bei manchen Impfungen über deren Sinn. Nicht streiten sollte man über die Impfung gegen die nachfolgend aufgeführten Krankheiten beim Junghund – zu groß ist das Risiko einer Erkrankung!
In welchem Abstand die Wiederholungsimpfungen angeraten sind, hängt i. d. R. von der Zulassung des jeweiligen Impfstoffes ab. Bitte fragen Sie den Tierarzt Ihres Vertrauens, der Ihnen gerne über die aktuellen Impfschemata Auskunft erteilen wird. Inzwischen gibt es Impfstoffe, die eine dreijährige Wirksamkeit und Zulassung haben. Oder Sie machen eine sogenannte „Titerbestimmung", die zeigt, ob Ihr Fleckvieh noch einen ausreichenden Impfschutz hat.

IMPFEN? GEGEN WELCHE KRANKHEITEN?

TOLLWUT

Die Tollwut ist eine hochansteckende Viruserkrankung, die bis heute auch in Deutschland nicht komplett ausgerottet werden konnte, da immer wieder tollwutinfizierte Hunde aus dem Ausland importiert werden.
Da ein an Tollwut erkrankter Hund die Infektion durch den Speichel (Bisse) auf Menschen übertragen kann, ist eine regelmäßige Schutzimpfung besonders wichtig. Auch Auslandsreisen mit dem Hund sind nur mit eingetragener Tollwutschutzimpfung im EU-Heimtierausweis des Hundes möglich. Es gibt keine Therapie bei einer Tollwutinfektion, der einzige Schutz ist und bleibt die Impfung.
Übrigens hat ein Amtstierarzt bei einem auftretenden Tollwutfall das Recht, alle ungeimpften Hunde im Umfeld zu töten, alleine das sollte schon ein ausreichendes Argument für eine jeweils aktuelle Tollwutimpfung sein.

Allerdings kann ein Hund ohne Impfung sich auch so Manches einfangen, gerade im Junghundealter.

STAUPE

Auch die Staupe ist eine Viruserkrankung, die in Deutschland nach wie vor sporadisch ausbricht. Die Staupe kann verschiedene Organsysteme befallen, den Magen-Darmtrakt, die Lunge oder das Nervensystem. Erkrankte Hunde bekommen Fieber, Husten und Durchfall, im weiteren Verlauf kommt es zu Krämpfen und Bewegungsstörungen.
Auch gegen das Staupevirus gibt es keine Therapie, man kann nur die Symptome behandeln. Wenn der Patient die Staupe überlebt, bleiben in der Regel Spätfolgen zurück. Auch hier können Sie Ihre Fellnase mit einer Impfung schützen.

PARVOVIROSE

Am empfänglichsten für diese Krankheit sind Welpen im Alter von 2 bis 16 Wochen und alte Hunde, aber auch Hunde in allen anderen Altersstufen kann diese Krankheit befallen. Die Parvovirose ist hoch ansteckend und verläuft oft tödlich. Symptome sind Fieber, Mattigkeit, Fressunlust und starke, oftmals blutige Durchfälle.

LEPTOSPIROSE

Die Leptospirose wird durch Bakterien übertragen, an ihr kann auch der Mensch erkranken. Die Symptome sind Fressunlust, Erbrechen, Atemnot und Fieber, gelegentlich Gelbsucht. Schlimmste Komplikation ist das akute Nierenversagen. Im Frühstadium lässt sich die Krankheit mit Antibiotika behandeln. Da die Leptospiroseimpfung nur gegen bestimmte Erregerstämme hilft, und dazu nur ein halbes Jahr wirkt, informieren Sie sich bei Ihrem Tierarzt, wie sinnvoll diese ist.

HEPATITIS CONTAGIOSA CANIS

Die H.c.c. ist die ansteckende Leberentzündung des Hundes, die durch ein Virus hervorgerufen wird. Dank umfassender Impfungen tritt sie heute nur noch selten auf. Die Symptome können je nach Verlaufsform variieren, es kommt zu Fieber, Apathie, Erbrechen, Durchfall, neurologischen Symptomen, etc.
Die H.c.c. verläuft oft tödlich, eine Therapie gibt es nicht. Auch hier kann nur mit einer Schutzimpfung vorgebeugt werden.

Die Viruserkrankung Staupe wird auch durch Füchse übertragen.

Zeckensaison? Suchen Sie Ihren Hund nach jedem Spaziergang ab oder verwenden Sie eine Zeckenprophylaxe.

GEGEN ZWINGERHUSTEN IMPFEN?

Der Zwingerhusten ist eine Erkrankung, die durch verschiedene virale und bakterielle Erreger ausgelöst wird. Der Zwingerhustenimpfstoff, der in vielen Kombinationsvakzinen enthalten ist, schützt jedoch nur vor einem einzigen Erreger des Zwingerhustens, dem caninen Parainfluenza-Virus. Darum ist der Nutzen dieser Impfung sehr umstritten, in den meisten Fällen kann sie eine Zwingerhusteninfektion nicht verhindern, sondern nur deren Verlauf abschwächen. Ob die Impfung in Ihrem Fall Sinn macht oder nicht, sollte am besten der Haustierarzt individuell nach den Lebensumständen des Hundes und der Höhe des Infektionsdruckes entscheiden.

UND BORRELIOSE?

Seit einigen Jahren gibt es in Deutschland Impfstoffe gegen die Borreliose, eine von Zecken übertragene bakterielle Erkrankung, die sich hauptsächlich in Form von Fieber und akuten oder chronischen Erkrankungen der Gelenke äußert. Diese Impfung ist allerdings ziemlich umstritten, weil in Europa drei verschiedene Unterarten dieser Bakterien, die die Borreliose übertragen, existieren. Die beiden in Deutschland am häufigsten anzutreffenden Unterarten konnten bisher nicht mit einer Erkrankung in Zusammenhang gebracht werden. Nur die dritte, in Deutschland seltenste Unterart (Borrelia burgdorferi sensu stricto) ruft nachweisbar Erkrankungen hervor.

Insgesamt sind Erkrankungen durch Borrelien beim Hund in Deutschland relativ selten, und da es sich bei den Borrelien um Bakterien handelt, lässt sich eine eventuell auftretende Erkrankung mit einem geeigneten Antibiotikum erfolgreich behandeln, auch wenn die Therapie sehr langwierig ist. Die gute Nachricht: Borrelien werden erst mehrere Stunden nach dem Zeckenbiss übertragen. Dadurch lässt sich eine Infektion am besten durch eine geeignete Zeckenprophylaxe vermeiden. Diese, und das gründliche Absuchen des Hundes nach dem Spaziergang (vor allem in Gebieten mit vielen Zecken) senkt das Risiko für eine Infektion deutlich und ist meines Erachtens nach der Impfung gegen die Borreliose vorzuziehen.

Andra rennt auch im hohen Alter noch jeder Krankheit davon!

RASSETYPISCHE ERKRANKUNGEN

Es gibt bestimmte Krankheiten, für die Beagles, die alles in allem noch eine relativ gesunde und robuste Rasse sind, eine Disposition haben. Das heißt allerdings weder, dass andere Rassen diese Erkrankungen nicht bekommen, noch dass jeder Beagle betroffen ist, aber sie haben häufiger damit zu tun als andere Rassen.

BEAGLE PAIN SYNDROM

Das Beagle Pain Sydrom, auch als Steroid responsive Meningitis-Arteriitis (SRMA) bezeichnet, ist eine neurologische Erkrankung, die vermutlich im Rückenmark entsteht. Sie führt anfänglich zu einem steifen Hals, weitet sich im Laufe der Zeit aber aus und führt auch zu Schielen und anderen neurologischen Symptomen. Die SRMA ist eine Autoimmunerkrankung, bei der das Immunsystem die Hirn- und Rückenmarkshäute angreift, was zu Entzündungen führt. Auch die Arterien können angegriffen werden. Sie tritt gehäuft zwischen dem vierten und siebten und zwischen dem sechzehnten und zwanzigsten Lebensmonat auf. Die Erscheinungsform ist meistens akut. Anzeichen hierfür sind eine eingeschränkte Beweglichkeit des Halses (bis zur Steifheit), die meistens als Erstes auffällt, und eine starke Schmerzhaftigkeit, teilweise im gesamten Rückenbereich. Bei schwerem (chronischen) Verlauf können auch Lähmungen der Vorderhand auf-

treten. Dazu kommt hohes Fieber und Apathie. Zur Therapie wird Cortison eingesetzt, und sie ist sehr langwierig und aufwendig, kann aber gerade bei jungen Hunden gute Erfolge erzielen. Neben dem Beagle sind auch andere Rassen betroffen, wie allerdings der Name Beagle Pain verrät, findet man diese Erkrankung bei den Beagles besonders oft. Bei den erkrankten Hunden wurden enge verwandtschaftliche Beziehungen nachgewiesen, weswegen es sich empfiehlt, beim Züchter genau nachzufragen.

HOUND-ATAXIE

Die Hound-Ataxie ist eine neurologische Erkrankung, bei der das Rückenmark angriffen wird. Sie zeigt sich in Bewegungsstörungen, spastischen Lähmungen und eingeschränkten Haut- und Oberflächenreflexen, was sich aber nicht schmerzhaft auf den Hund auswirkt. Neben dem Beagle ist der Foxhound von dieser Erkrankung betroffen. Als Ursache wird eine überwiegende Fütterung von Pansen diskutiert, aber sicher weiß man das nicht. Sie entsteht im zweiten bis siebten Lebensjahr infolge einer Degeneration der sogenannten weißen Substanz im Brustmark und der grauen Substanz im Hirnstamm und zeigt sich in Bewegungsstörungen, spastischer Lähmung und vermindertem Hautreflex. Eine Behandlung ist wenig erfolgversprechend.

IMERSLUND-GRÄSBECK-SYNDROM (IGS)

Auch das Imerslund-Gräsbeck-Syndrom tritt neben dem Border Collie auch beim Beagle immer wieder auf und ist durch die schlechte Aufnahme von Vitamin B12 (Cobalamin) aus der Nahrung gekennzeichnet. Der chronische Cobalamin-Mangel führt zu Veränderungen im Blutsystem und neurologischen Ausfällen aufgrund irreversibler Schädigungen des Gehirns und Nervensystems.

Ein DNA-Test gibt Klarheit und eröffnet die Möglichkeit, das Vitamin B12 zusätzlich durch Injektionen zuzuführen. Dann kann der kleine Vierbeiner trotzdem ein gesundes und problemloses Leben führen.

Vorsorge ist alles!

Auch ein bisschen Schwein muss man haben.

Die typische Beaglehaltung: Rücken in Ordnung!

BANDSCHEIBENPROBLEME

Eine weitere Schwachstelle vieler Beagle sind die Bandscheiben, leider neigt er zu Bandscheibenvorfällen. Meier kann ein Lied davon singen …
Je nach Lokalisation und Ausprägung des Vorfalles können unterschiedliche Läumungserscheinungen unterschiedlicher Stärke auftreten. Je früher die Diagnose gestellt wird, desto besser ist die Prognose. Bei leichten Vorfällen reicht oft die konservative Therapie mit Physiotherapie aus, bei schweren Vorfällen ist eine Operation oft der einzige Weg.

SCHILDDRÜSENUNTERFUNKTION

Eine weitere Disposition hat der Beagle für die Schilddrüsenunterfunktion, und nach einer Kastration steigt das Risiko, eine solche zu entwickeln, noch einmal um das Dreifache an. Bei einer klinisch manifesten Hypothyreose wird der Patient träge, der Stoffwechsel wird reduziert, es kommt – trotz reduzierter Futtermenge zur Gewichtszunahme. Betroffene Hunde zeigen eine Kälteintoleranz und haben häufig Fellprobleme, Haut- oder Ohrenentzündungen. Aber auch bei Werten im unteren Normalbereich kann die Schilddrüsenunterfunktion Auswirkungen auf das Verhalten haben, bei betroffenen Hunden fällt oft eine geringe Stresstoleranz, eine vermehrte Aggression oder gesteigerte Ängstlichkeit auf. Eine Schilddrüsenunterfunktion kann der Tierarzt durch Blutwerte in Kombination mit den Symptomen diagnostizieren.

AUGEN UND OHREN

Ebenso ist der Beagle gelegentlich anfällig für Augenerkrankungen wie Bindehautentzündungen, grauen und grünen Star oder Retina-Atrophien. Außerdem sorgen Funktionsstörungen des Tränen-Nasenganges beim Beagle vermehrt zu trockenen oder tränenden Augen.
Bedingt durch die Schlappohren und die damit verbundene geringere Belüftung des Gehörganges ist der Beagle leider auch anfällig für Ohrenentzündungen. Reinigen und kontrollieren Sie die Ohren regelmäßig – wie und womit man das am besten macht, zeigt Ihnen Ihr Tierarzt.

HÜFTGELENKSDYSPLASIE (HD)

Auch wenn vermehrt große Rassen von der HD betroffen sind, findet man sie auch beim Beagle. Es kommt zur Deformation der Hüftpfanne oder des Oberschenkelhalses. Dadurch findet der Oberschenkelkopf nur noch geringen Halt in der Hüpfgelenkspfanne. Durch das unrunde Laufen

Beweglichkeit ist Gold wert – auch für Chihuahua-Mixe!

des Hundes kommt es zu einer Reizung der Knochenhaut des Pfannenrandes, was für den Hund unter Umständen sehr schmerzhaft ist. Symptome dafür sind: Lahmheit, ein instabiler Gang, häufiges Hinsetzen oder -legen. Die HD ist eine sogenannte multifaktorielle Erkrankung, es gibt eine erbliche Komponente, aber auch körperliche Überforderung, vor allem im Wachstum, sowie eine falsche Ernährung können das Entstehen oder Fortschreiten dieser Krankheit begünstigen. Außerdem haben auch hier Kastraten ein höheres Risiko, weil nach der Kastration der bindegewebs- und knochenverstärkende Effekt der Sexualhormone wegfällt.

EPILEPSIE

Die Epilepsie ist entweder erblich bedingt (primäre Epilepsie) oder Folge einer anderen Grunderkrankung (sekundäre Epilepsie). Sie äußert sich in krampfartigen Anfällen, die durch ein „Gewitter im Gehirn" ausgelöst werden. Oft sind die Hunde während eines Anfalls bewusstlos, das muss aber nicht so sein.
Die Epilepsie wird genetisch weitergegeben, auch wenn der genaue Erbgang nicht bekannt ist. Leider wird bezüglich der Epilepsie bei vielen Züchtern nicht mit offenen Karten gespielt, was nicht gerade zu einem Ausmerzen der Erkrankung führt …
Die Epilepsie empfinde ich als eine auch für den Halter wirklich grausame Erkrankung, weil man bei einem Anfall hilflos danebensteht und so gut wie nichts tun kann.
Behandelt wird, wenn die Anfälle gehäuft auftreten, mit Antiepileptika, die allerdings eine genaue Einstellung der Dosis erfordern, erst nach Monaten helfen, und zudem gravierende Nebenwirkungen haben. Und viele Hunde werden trotz der Medikamente nie ganz anfallsfrei. Oft wird bei einem Epilepsiehund pauschal die Empfehlung zur Kastration gegeben, allerdings zeigen Studien, dass eine Kastration eben nicht unbedingt zu einer geringeren Anfallsfrequenz führt. Auch hier sollte wieder der Einzelfall betrachtet werden, da es zwar durchaus Rüden gibt, die vermehrten Stress haben, wenn eine Hündin in ihrem Umfeld läufig ist, und auch Hündinnen, die in bestimmten Zyklusphasen Probleme haben, aber insgesamt wirken die Sexualhormone auch verhaltensstabilisierend und stressdämpfend, und eine Wegnahme der Sexualhormone führt bei unsicheren Hunden dann zu verstärktem Stress. Es kommt also darauf an, ob die Probleme durch die Sexualhormone bedingt sind oder durch andere Regelkreise gesteuert werden.

01

ÜBERGEWICHT

Ein Thema, um das man beim Beagle einfach nicht herumkommt, ist das Übergewicht. Während zum Beispiel eine Epilepsie nicht zu verhindern ist, kann man Übergewicht beim Beagle durch die richtige Ernährung und Bewegung durchaus vermeiden. Sorgen Sie für ausreichende Bewegung und eine angepasste Ernährung.

RÜCKWÄRTSNIESEN

Beim Beagle tritt relativ oft das sogenannte Rückwärtsniesen auf. Dabei wird Luft durch das Maul und die Nase eingezogen, dabei wird der Hals gestreckt, die Ellbogen abgespreizt und die Luft anfallsartig röchelnd durch die Nase eingesogen. Es macht den Anschein, der Hund erstickt und schnappt deshalb nach Luft. Für Hundehalter, die das noch nie erlebt haben, ein zunächst furchtbarer Anblick. Aber keine Sorge!

BEAGLEALZHEIMER

Unbedingt zu erwähnen ist der sogenannte Beaglealzheimer, der dazu führt, dass auch schon vergleichsweise junge Beagles über Nacht alles bis dato Gelernte wieder vergessen und einen z. B. beim Kommando „Sitz" mit großen fragenden Augen anschauen, und man ihnen ansieht, dass sie denken „Sitz? Was war das? Das habe ich ja noch nie gehört ...".

SELEKTIVE TAUBHEIT

Auch eine plötzlich auftretende selektive und temporäre Taubheit ist keine Seltenheit, wenn der Beagle gerade Wichtigeres zu tun hat. Auf der anderen Seite ist er problemlos in der Lage, das Öffnen der Futtertonne über 2 Stockwerke und 5 geschlossene Türen wahrzunehmen. In diesem Fall gibt es auch keinen Beaglealzheimer.

02

03

Das Rückwärtsniesen ist ziemlich harmlos. Die Ursache für diese Störung ist bislang nicht eindeutig geklärt. Eventuell ist ein etwas zu langes Gaumensegel, das sich am Kehldeckel verfängt, der Auslöser dafür. Auch leichte Entzündungen im Rachen oder der Mandeln, die mit einer Schwellung der Schleimhaut und damit einer Einengung einhergehen, oder Krämpfe der Rachenmuskulatur können die Ursache sein. Die Attacken verschwinden, wenn man einen Schluckreflex auslöst, zum Beispiel durch kurzes Nasezuhalten, sanfte Massage des Kehlkopfs, kräftiges Beklopfen der Vorderbrust oder das Geben eines Leckerlis.

WASSERRUTE ODER HAMMELSCHWANZ

Eine Veranlagung besteht zum sogenannten Hammelschwanz oder auch Wasserrute. Hunde mit einer vergleichsweise schweren Rute, wie Beagle und Labrador, leiden mitunter entweder nach einem Bad in kaltem Wasser oder nach ausgiebigem Wedeln auf einer Fährte(!) unter einer Minderdurchblutung der Schwanzwurzel, die zu einer schlaffen Lähmung der Rute führt. Und ein Beagle mit hängender Rute sieht wahrlich elendig aus! Die Lähmung verschwindet aber in der Regel nach ein paar Tagen wieder, in manchen Fällen ist aber der Einsatz von Entzündungshemmern und Schmerzmitteln sinnvoll.

01 Nach dem Kontakt mit kaltem Wasser neigen Beagles zur Wasserrute …

02 Doch das weiß der Hund in dem Moment nicht: Meier gleitet wie ein Krokodil vom Stamm …

03 … und genießt ganz offensichtlich sein Bad im kühlen Nass! Denn Schwimmen ist schließlich auch gesund!

GRAUE SCHNAUZEN UND LETZTE WEGE: DER SENIOR

Zum Glück ist der Beagle (noch) eine relativ gesunde Rasse, die durchaus ein hohes Alter erreichen kann. Neben meiner Andra kenne ich relativ viele andere Beagles, die auch weit jenseits der 13 Jahre noch unglaublich fit und agil sind. Vielleicht liegt es ja daran, dass sie ihr Leben lang auf ihre Ernährung achten ...
Trotzdem wird sich mit zunehmendem Alter bei Ihrem Schlappohr einiges ändern, die Schnauze wird grau, und irgendwann, mit zunehmendem Alter, wird es auch im Hirn grau ... Tatsächlich sind mir die Beagles als eine Rasse aufgefallen, die oft bereits mit sieben Jahren, also im besten Alter, fast schlagartig über Nacht ergrauen. Ich wundere mich immer, dass meine Andra noch so farbecht ist. Dafür hat der fünf Jahre jüngere Meier bereits eine graue Schnauze – aber ich finde, er kann es tragen!

WOHER KOMMT DIE GRAUE SCHNAUZE?

Obwohl das natürlich auch beim Hund eine individuelle Veranlagung ist, sodass ein Hund mit grauer Schnauze noch lange kein Senior sein muss. Wie beim Menschen beginnt das Ergrauen in der Regel am Kopf, beim Menschen an den Schläfen, beim Hund an der Schnauze, und setzt sich dann langsam nach hinten fort. Dabei gibt es eigentlich keine grauen Haare, der optische Eindruck entsteht durch eine Mischung aus pigmentierten und pigmentlosen Haaren. Die Haare sind entweder weiß oder farblos, verursacht durch einen im Alter erschwerten Abbau von Wasserstoffperoxid, das dann wiederum eine verminderte Produktion des Farbstoffes Melanin nach sich zieht. Das fehlende Melanin führt zu einer Hypopigmentierung und wird durch Einlagerung von Luftbläschen in den Haarschaft ersetzt. Solche Haare erscheinen für das menschliche Auge weiß.
Aber sie sind nur nicht weiß, unsere Hundesenioren, sie sind auch weise.

DER GOLDENE HERBST

Für mich persönlich gehört die Zeit mit einem Seniorhund zu den schönsten im Leben mit Hunden, auch wenn sie nicht nur von einem lachenden, sondern auch von einem weinenden Auge begleitet wird. Denn je älter der Begleiter wird, desto bewusster wird dem Menschen, dass die gemeinsame Zeit begrenzt ist. Auf der anderen Seite versteht man sich taub und blind, kennt alle Macken des anderen und wird in Vielem nachsichtiger. Ich zumindest. So ist auch erklärbar, dass meine Andra inzwischen weitgehende Narrenfreiheit genießt – denn ein Beagle wäre kein Beagle, wenn er das nicht auch in hohem Alter noch ausnutzen würde. Aber das darf sie auch! Solange ich weiß, dass ich manipuliert werde, ist das okay.

Oma Andra kümmert sich nach wie vor um „die Jugend".

KLEINE VERÄNDERUNGEN

Verändert hat sich im Lauf der Jahre Vieles und auf der anderen Seite doch eigentlich gar nichts. Wenn Sie einen Hund sein Leben lang tagtäglich begleiten, werden Sie betriebsblind. Erst wenn erste Alterszipperlein auftreten, oder erst recht, wenn Sie Fotos von „früher" anschauen, bemerken Sie plötzlich, dass all die Jahre nicht spurlos an Ihrem Schlappohr vorbeigezogen sind. Sie sehen, wenn Sie ganz bewusst hinschauen, dass sein Gesicht Spuren des Lebens trägt, das es mit Ihnen verbracht hat. Und Sie werden sentimental. Ich zumindest. So auch gerade beim Schreiben dieses Kapitels, während meine alte Andra unterm Tisch schnarcht…

Und trotzdem sehe ich bei einem so alten Hund wie Andra auch, dass sie ihr Leben in vollen Zügen er- und gelebt hat. Als Beagle sowieso, denn Gelegenheiten und Chancen auf Spaß nutzte sie alle. Alles, was jetzt noch kommt, sind Zugaben – und die sind oft das Schönste an einem Konzert, aber sie sind eben begrenzt. Wenn sie irgendwann in die ewigen Jagdgründe wechselt – dort fühlt sich ein Beagle bestimmt viel wohler, als auf einer kitschigen Regenbogenbrücke! –, kann ich sagen, dass wir unsere gemeinsame Zeit voll ausgenutzt haben. Und trotzdem hoffe ich natürlich, dass sie sich noch an die vertraglich vereinbarten „mindestens 20 Jahre" erinnert!

IM MITTELPUNKT

Bis dahin haben wir übrigens unser (fast) allabendliches Ritual: Jeden Tag hat dann die „Jugend" im Hause Strodtbeck Pause, und die Oma steht im Mittelpunkt, wie sich das für eine graue Eminenz gehört. Auf Neudeutsch würde man das wohl „Quality Time" nennen, aber Andra ist es völlig egal, wie man das nennt, sie hört ja sowieso nichts mehr. Aber sie genießt die gemeinsamen Aktivitäten, die nur ihr gehören. Entweder bekommt sie dann eine Entspannungsmassage, denn die freut die alten Knochen und entspannten Muskeln ebenso wie das Hormonsystem, das dann das stressdämpfende Bindungshormon Oxytocin nur so sprudeln lässt, oder wir drehen eine kleine Runde zu zweit, oder wir machen ein bisschen Nasenarbeit, Tricktraining etc., denn dann kann die Oma zeigen, was sie noch alles auf dem Kasten hat. Wenn also irgendwann „der Tag" kommt, haben wir bis zum Tag davor unsere Zeit gut genutzt.

SICH OHNE WORTE VERSTEHEN

Leider lassen bei vielen alten Hunden, wie auch bei uns Menschen, irgendwann die Sinnesorgane nach. Selten sind es die Augen, oft die Ohren, die dann den Dienst verweigern. Aber das sind Sie ja vom Beagle sowieso gewöhnt ... Tatsächlich wurde ich bei meiner inzwischen stocktauben Andra erst dann stutzig, als sie drei Meter vom Blechnapf entfernt schlief und auch beim lautstarken Befüllen des selbigen mit Trockenfutter nicht reagierte. Das sagt bei einem Beagle dann doch einiges aus ...
Glauben Sie mir, das Leben wird mit einem tauben Beagle nicht unbedingt einfacher, schon gar nicht, wenn man nebenbei noch drei weitere Hunde, von denen einer ein Beagle ist, im Auge behalten muss. Denn Andra, die viele Jahre ihres Lebens gut abrufbar war, rüsselt sich, mit der noch bestens funktionierenden Beaglenase am Boden davon und hört in dem Fall mein Rufen tatsächlich nicht. Bei ihr hat ein Vibrationshalsband Abhilfe geschaffen, da sie sich, wenn ich es auslöse, zu mir umdreht und dann auf Handzeichen reagiert. Ein Segen ist, dass wir unser Leben lang bilingual, also mit Hör- und Sichtzeichen kommuniziert haben, und ich würde auch jedem empfehlen, spätestens im Alter beizeiten Sichtzeichen als Kommandos einzutrainieren. Glauben Sie mir, das macht das Leben im Zweifelsfall einfacher. Jagen würde Andra übrigens auch mit ihren 16 Lenzen noch, wenn ich sie ließe. Okay, es wären vermutlich keine sechs Stunden mehr, sondern vermutlich nur noch eine halbe, und sie könnte sich danach mindestens drei Tage nicht mehr bewegen, aber die Leidenschaft für ihr liebstes Hobby hat sie bis heute nicht verloren. Und insgeheim freut mich das, auch wenn damit meine Hoffnungen auf einen ruhigen Beagle-Lebensabend und baumelnde Seelen und Leinen beim Spaziergang zerschlagen sind.

Albern bis zum Schluss: Andra genießt die Zeiten, die ihr allein gehören.

Nicht nur auf der Schnauze, auch im Gehirn werden alte Hunde irgendwann grau …

DEMENZ BEIM HUND

Dass der Beagle zu den Rassen gehört, die ein hohes Alter erreichen, bringt auch Nachteile mit sich. Auch Hunde können dement werden, und die Wahrscheinlichkeit, eine Demenz zu entwickeln, steigt nun mal mit zunehmendem Alter. Oft sind erste Anzeichen, dass der Hund plötzlich auf der anderen Seite der Türe steht, beispielsweise rechts, obwohl die Türe sich ein Hundeleben lang auf der linken Seite geöffnet hat. Oder der Hund steht in einer Zimmerecke, also einem „Käfig", der nur von zwei Seiten geschlossen ist, und findet den Ausgang nicht mehr. Aber nicht nur die Orientierung im Raum leidet, auch die Orientierung in der Zeit lässt nach, was dazu führen kann, dass Ihr Beagle auf einmal mit einer Selbstverständlichkeit nachts um Drei spazieren gehen möchte, als hätte man das sein Hundeleben lang so gemacht. Weitere Symptome können ein Nachlassen der Körperpflege, eine gesteigerte Reizbarkeit oder plötzliche Angstattacken sein.

Wichtig für betroffene Hunde ist Struktur im Alltag, denn die gibt Halt. Mit einem dementen Senior sollten Sie – wenn sich das mit Ihrem Leben vereinbaren lässt – möglichst alle Aktivitäten zur selben Zeit stattfinden lassen.

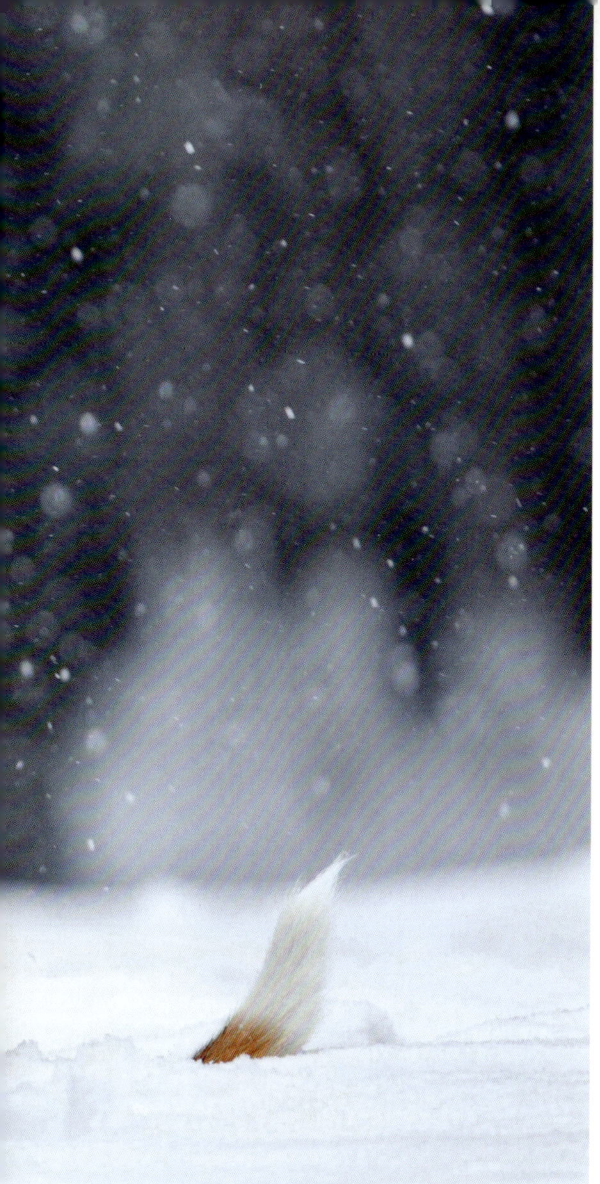

WER RASTET, DER ROSTET

Auch für Hunde gilt: Wer rastet, der rostet! Dass Ihr Senior nicht drei Stunden am Fahrrad mitlaufen sollte, muss ich hoffentlich nicht extra erwähnen, aber Spaziergänge im für ihn angemessenen Tempo halten den Bewegungsapparat geschmeidig und täglich wechselnde Strecken fordern und fördern das Gehirn und die Sinnesorgane.

Auch „Gehirnjogging" für Hunde kann helfen, denn wenn Sie Ihre graue Schnauze zum Beispiel mit Intelligenzspielen, Klickertraining oder Nasenarbeit beschäftigen, wird nach wie vor der bereits mehrfach erwähnte Botenstoff Dopamin produziert, neben dem Oxytocin ein wichtiger Gegenspieler des Stresshormons Cortisol, das an der Entstehung der Demenz beteiligt ist. Übrigens ist das leichter erregbare Cortisolsystem im Alter auch der Grund für die „senile Körbchenflucht" – jeder, der sein Schlafzimmer schon einmal mit einem dementen Hund und einem Laminatboden geteilt hat, weiß an dieser Stelle, wovon ich rede – und auch hier gilt es, den Stress der Grauschnauze zu senken.

DER LETZTE WEG

Trotz allen Maßnahmen, die Sie ergreifen, irgendwann wird der Tag kommen, der von uns Hundehaltern so sehr gefürchtete Tag, an dem Ihnen Ihr Beaglechen unmissverständlich sagt, dass es jetzt genug ist. Sie müssen ihm nur zuhören! Und dabei, und das ist ganz wichtig, Ihren eigenen Egoismus hintanstellen. Denn Trennungen können verdammt wehtun, vor allem für den, der zurückbleibt. Und wenn alles richtig rum läuft, ist das der Mensch, denn die Lebenszeit von Hunden ist noch begrenzter als unsere eigene. Und trotzdem sind wir ihnen das schuldig!

WANN IST DIE ZEIT GEKOMMEN?

Tatsächlich bekomme ich die Frage nach „dem richtigen Zeitpunkt" im Zusammenhang mit alten Hunden so oft gestellt, wie keine sonst. Und meine Antwort ist immer die Gleiche: Er wird es Dir sagen, wenn Du ihm ohne Egoismus zuhörst! Und bisher stimmte das immer. Es ist nicht der Moment, wenn das Beaglechen mal nicht mehr frisst oder nicht mehr rausgehen mag, solche Tage wird es immer mal wieder geben. Aber dann ist er da, der eine Tag, an dem man seinem Hund in der Früh in die Augen schaut und sofort weiß, dass „es" jetzt so weit ist. Dazu gehört aber das eigene Loslassenkönnen und Empathie. Auch für mich selbst würde ich entscheiden, dass Lebensqualität wichtiger ist, als Lebensquantität, also entscheide ich für meine Hunde genauso! Ich persönlich kann mit einem Tag, einer Woche oder einem Monat zu früh immer klarkommen, könnte mir aber auch nur eine Stunde zu spät nur schwer verzeihen.

WIE UND WO?

Die nächste Frage, die sich zum letzten Weg unserer Beagles stellt, ist das Wie und das Wo. Vor allem Letzteres hat man leider nicht immer in der Hand, denn manchmal findet auch ein Hundeleben durch eine akute Erkrankung ein plötzliches Ende. Aber beim alten Hund sind wir es oft, die die Entscheidung treffen, denn die Wunschvorstellung, dass er eines Tages einfach so einschläft, erfüllt sich leider viel zu selten. Also sollten Sie sich beizeiten mit dem letzten und schwersten Weg, den Sie mit Ihrem Hund gehen, auseinandersetzen.

HAUSBESUCH

Zum „Wo" kann ich nur sagen, dass die Tierarztpraxis selten der richtige Ort ist, denn der Tierarzt bedeutet für die meisten Hunde Stress, und diesen letzten Stress sollte man seinem Vierbeiner nach Möglichkeit ersparen. Kümmern Sie sich also rechtzeitig um einen Tierarzt, der in einem solchen Fall Hausbesuche anbietet. Das tun übrigens viele, wenn man sie nett fragt. Ich habe auch für viele Hunde meiner Freunde den „letzten" Weg zum wortwörtlichen letzten Gang gemacht, und sie draußen auf einer grünen Wiese eingeschläfert. Es war in allen Fällen ein sehr friedlicher und würdiger Tod, und den hat ein Hund, der uns oft viele Jahre unseres Lebens treu begleitet hat, auch verdient. Ich werde nie verstehen können, wie Menschen ihren Hund zum Einschläfern einfach in der Praxis abgeben können! Und damit sind wir bei einem weiteren entscheidenden Punkt: Ich halte es für die Pflicht eines Hundehalters, dem Hund bis zuletzt beiseitezustehen, auch wenn das für uns nicht einfach ist. Seien Sie auch jetzt für Ihren Beagle da, wenigstens, bis er in Vollnarkose liegt und nichts mehr mitbekommt. Denn genau so war er sein ganzes Leben für Sie da – wenn er nicht gerade mal weg war …

Einmal Beagle, zweimal Beagle, immer Beagle!

UND DANACH?

Sie werden, sobald Ihre Tränen getrocknet sind, auf eine großartige Zeit zurückblicken können, die von anstrengend und nervenaufreibend über wundervoll und herzerwärmend bis hin zu amüsant und augenzwinkernd Vieles war, aber eines sicherlich nie: langweilig!
Ich hoffe inständig, dass diverse Beaglezuchtvereine es nicht schaffen, aus dem Beagle einen Familienhund mit „will to please" zu machen, denn für mich machen den Beagle nach wie vor nicht die standardmäßig verankerte weiße Schwanzspitze und die Schlappohren aus, sondern eben genau das, was er ist: ein robuster und zäher Jagdhund mit eigenem Kopf, der genau weiß, was er will. Denn das, was ihn so anstrengend macht, macht ihn in meinen Augen auch so liebenswert!

EINMAL BEAGLE, IMMER BEAGLE?

Einmal Beagle, immer Beagle? Eine Aussage, die ich bereits, als nur Andra mein Leben mit allem möglichen Sinn und Unsinn füllte, vehement verneint habe. Inzwischen sage ich voller Überzeugung: Ja! Eine tolle Rasse, wenn man weiß, worauf man sich einlässt. Sie lehren Menschen Furchtlosigkeit, Selbstständigkeit und die Fähigkeit, das Leben mit Humor zu nehmen. Man könnte sagen, sie fördern uns wohlwollend in unserer Persönlichkeitsentwicklung. Und wenn man damit fertig ist? Richtig, dann zieht der Zweite ein. Meiner heißt Meier. Und so laufe ich mit meinen beiden Beagles grinsend durch die Gegend, rate jedem, der fragt, von dieser Rasse ab, und denke still und heimlich: einmal Beagle, zweimal Beagle, immer Beagle.

SERVICE

— *Wissenswertes für Hundehalter*

ZUM WEITERLESEN

WEITERE BÜCHER DER AUTORIN

Strodtbeck, Sophie und Uwe Borchert: **Hilfe, mein Hund ist in der Pubertät!** Entspannt durch wilde Zeiten. GU

Strodtbeck, Sophie und Udo Gansloßer: **Kastration und Verhalten beim Hund.** Müller Rüschlikon

Strodtbeck, Sophie: **Kleiner Hund ganz groß.** Rassen, Erziehung, Verhalten, Gesundheit. Müller Rüschlikon

Strodtbeck, Sophie: **Vom Welpen zum Senior.** Reise durchs Hundeleben. Müller Rüschlikon

HUNDEVERHALTEN

Bloch, Günther: **Der Wolf im Hundepelz.** Hundeerziehung aus unterschiedlichen Perspektiven. Kosmos

Bloch, Günther, Elli H. Radinger: **Wölfisch für Hundehalter.** Von Alpha, Dominanz und anderen populären Irrtümern. Kosmos

Handelman, Barbara: **Hundeverhalten.** Mimik, Körpersprache und Verständigung, mit über 800 ausdrucksstarken Fotos. Kosmos

Käufer, Mechthild: **Spielverhalten bei Hunden.** Spielformen und -typen. Kommunikation und Körpersprache. Kosmos

Rauth-Widmann, Brigitte: **Die Sinne des Hundes.** Wie Hunde ihre Welt wahrnehmen. Kosmos

BESCHÄFTIGUNG

Baumann, Ina und Thomas: **ZOS – Zielobjektsuche.** Start, Suche und Anzeige. Kosmos

Fichtlmeier, Anton und Gila: **Suchen und Apportieren.** Kosmos

Grunow, Alexandra und Rovena Langkau: **Mantrailing.** Mit Basic-, Sport- und TheraTrailing. Kosmos

Stricker, Martina: **Mantrailing.** Schritt für Schritt vom ersten Trail bis zum realen Einsatz. Kosmos

Theby, Viviane und Michaela Hares: **Agility.** Vom ersten Hindernis bis zum Parcours. Kosmos

NÜTZLICHE LINKS

www.beagleclub.de
Hier findet man alles rund um den Beagle: Von Ausstellungen, Jagdwesen, Landesgruppen bis zur Welpenvermittlung.

www.tasso.net
Bei TASSO e.V. kann man seinen Hund registrieren lassen, sollte er mal abhanden kommen.

www.beagle-in-not.de
Hier werden Not-Beagles vermittelt, doch es gibt auch die Rubrik Beagle entlaufen.

www.hundeschulen.de
Hier können Sie eine kompetente Hundeschule in Ihrer Nähe finden.

www.versuchstiere.de
Ein Verein, der Laborbeagles vermittelt.

www.frankenmeute.eu
Eine Beaglemeute aus Franken stellt sich vor – Termine, Vermittlungen etc.

www.facebook.com/MeierDerSchnuffeljournalist
Die persönliche Facebook-Seite von Beagle Meier und seiner Meute

www.strodtbeck.de
Die Seite vom Frauchen von Herr Meier

DANKSAGUNG

Am Ende eines Buches steht nicht nur im Buch die Danksagung, sondern auch im Leben einer Autorin. Das Manuskript ist fertig, die Bilder sind ausgesucht, und die von mir so gehassten Bildunterschriften sind verfasst. Ich werde – wie immer nach den „BUs" – die nächsten Wochen alles, was ich sehe, mit kurzen, knackigen Sätzen für mich untertiteln …

Mein Dank gilt zunächst allen Fotografen, die mir mit Bildern ausgeholfen haben (auch denjenigen, deren Fotos es nicht ins Buch geschafft haben), weil sich mein Ordner mit den Fotos fremder Beagles still und heimlich vom Acker gemacht hat. Beagle bleibt Beagle, sogar im Laptop gehen sie stiften … Eure Hilfsbereitschaft war überwältigend!

Ebenso danke ich Alina Loth, die fleißig, sehr kurzfristig und ganz toll Beagles für mich illustriert hat.

Danke an meine Interviewpartner Vera, Alica, Sabine und Klaus, sowie an die Beaglemeute Franken und an Armin Kirchdorfer, die die Tante mit der Kamera bei jeder Jagd herzlich empfingen!

Dann ist da noch Alice Rieger vom Kosmos Verlag, die sich an meiner Beharrlichkeit (okay, man könnte es an dieser Stelle auch Sturheit nennen) bezüglich der Fotos die Zähne ausgebissen hat – ich mir aber auch an ihr! Also eine durchaus ebenbürtige Sparringspartnerin. Das passiert, wenn eine halb-schwäbische Beaglehalterin auf eine schwäbische Baglehalterin trifft … Aber ich war während des Schreibens sehr froh um das Wissen, dass „meine" beaglegeprüfte und -zertifizierte Lektorin genau wusste, wovon ich schreibe. Danken möchte ich Ihnen, liebe Frau Rieger, auch für den Schrecken meines Lebens, als Sie nach der Manuskriptabgabe auf meine Frage, ob ich Ihre Erwartungen erfüllt habe, mit einem „Nein!" antworteten, und mir bei Ihrem darauf folgendem „Aber es ist geil!" ein Stein vom Herzen fiel.

Michael Frey Dodillet, Dir danke ich für die spontane Zusage, das Vorwort zu schreiben, denn jemand Besseren hätte ich dafür nicht finden können! Ich finde ja nach wie vor, dass Dein großartiger Humor erst durch einen Beagle so richtig zur Geltung käme. Ich bin auch gerne bereit, mich an den Kosten für die Traumatherapie zu beteiligen, und Meier ziehe ich sowieso bereits seit geraumer Zeit die Hypothekenraten für Euer Haus von der Ration ab! Denn so ein Verhalten muss natürlich Konsequenzen haben, finden die Krauses.

Der Klassiker meiner Danksagungen darf natürlich auch diesmal nicht fehlen: Danke Nadin für's Verliebt-sein und für alles andere! Keine sonst kann Jagen und Liebe so schön erklären.

Achim, Du bester Freund, den man sich wünschen kann! Danke für Deine Geduld mit mir und meinen „Stummelfüßen", danke für die Tupperboxen mit Essen, die die Beagles vor Neid erblassen ließen und mich vor dem sicheren Verhungern während des Schreibens gerettet haben, danke für Deine ehrliche und konstruktive Kritik, für das tapfere Ertragen meiner dezenten Art, und einfach für das immer da sein – was nicht immer einfach ist.

Und weil sie gerade anwesend sind, danke ich meiner Beaglefraktion für all den Humor und die Abwechslung, die sie in mein Leben bringen, und für das gute Preis-/Heizungsverhältnis! Das gilt natürlich auch für meine Zwergenfraktion, denn sehr dankbar bin ich, dass all meine Hunde mein Leben einfach so mitleben, obwohl sie vorher keiner gefragt hat, und dass das, was funktionieren muss, auch funktioniert. Den ganzen Rest nehmen wir einfach nicht allzu ernst …

Eure Sophie

DIE AUTORIN

Sophie Strodtbeck hat Tiermedizin in München studiert. Nach einigen Jahren Berufserfahrung in verschiedenen Großtier- und Gemischtpraxen kehrte sie Rind, Pferd, Katze und Hamster den Rücken zu und machte ihr Hobby „Hund" zum Mittelpunkt ihres beruflichen Lebens mit verschiedenen Standbeinen.
Zusammen mit dem Verhaltensbiologen Dr. Udo Gansloßer berät Sophie Strodtbeck Hundehalter individuell zu allen Fragen rund um die Verhaltensbiologie und die Medizin, weil sie der Meinung sind, dass diese Kombination unschlagbar ist. Ihre interdisziplinäre Zusammenarbeit umfasst unter anderem Themen wie Kastration, Stress, Aggression, Einfluss von Ernährung auf das Verhalten und vieles mehr. *www.einzelfelle.de*
Zu diesen Themen hält sie auch Vorträge und Seminare für Hundehalter, Hundetrainer und Tierärzte oder veranstaltet Seminare mit anderen Referenten im Steigerwald.
Des Weiteren schreibt Sophie Strodtbeck gern und viel, zum einen kynologische Fachartikel in diversen Hundemagazinen, zum anderen hat sie schon mehrere Bücher veröffentlicht. Sowohl in ihren Büchern als auch in ihren Artikeln schafft sie es, komplizierte wissenschaftliche und medizinische Inhalte allgemeinverständlich und humorvoll zu vermitteln.
Eine weitere große Leidenschaft neben den Hunden ist die Fotografie. Sie fängt mit viel Geduld und Gefühl Momente für die Ewigkeit ein. Ein gutes Foto ist für sie dann ein gutes Foto, wenn es Emotionen transportiert und man Einblicke in die Seele des Tieres erhält.
Sophie Strodtbeck lebt mit ihren vier Hunden – den beiden Beagles Meier und Andra sowie den Zwergen Piccolo und Pü – im Steigerwald in Franken.

REGISTER

A

B

C

D

E

F

G

H

I

J

K

BILDNACHWEIS

Mit 139 Farbfotos von Sophie Strodtbeck.
Weitere Farbfotos von Anna Auerbach (2: S. 40, 41), Ulla Bergob (1: S. 189), Tanja Fittkau (2: S. 56 beide), Mandy Hoffmann (1: S. 25 l.), Nadine Höhn (1: S. 180), Sandra Ilgaz (1: S. 83), Alica Junker (2: S. 122, 123), Karikofotografie (2: S. 43, 98), Victoria Kettwig (7: S. 36, 37 r., 50, 51, 68, 78, 128 l.), Petra Kleinwegen (1: S. 33 o.), Nicole Knor (5; S. 148, 149 alle 3, 172/173 Mitte), Klaus Listmann (2: 58, 59), Angie Pongs (8: S. 20 l., 67, 76 beide, 124, 124/125 Mitte, 125, 146), Vera Reimann (6: S. 150, 151, 152, 153, 154, 155), Heike Schmidt-Röger (2: S. 35, 73), Kirstin Schmitte (1: S. 57), Shutterstock (7: bitt24 / S. 131, morvai-szilard / S. 109 u., PardoY / S. 23, Menno Schaefer / S. 168, Soloviova Liudmyla / S. 130, Thomas Weissenfels / S. 66, Matthijs Wetterauw / 115 o.), Tierfotoagentur.de/Alexa P. (1: S. 88) und Christian Wolf (1: S. 110)

Mit 6 Illustrationen von shutterstock / hadkhanong (Vorsatz) und einer Illustration von Alina Loth (S. 26)

IMPRESSUM

Umschlaggestaltung von GRAMISCI Editorialdesign unter Verwendung von zwei Farbfotos von Sophie Strodtbeck.

Mit 194 Farbfotos und sieben Farbzeichnungen.

Gedruckt auf chlorfrei gebleichtem Papier

ISBN 978-3-440-15071-9
Redaktion: Alice Rieger
Gestaltungskonzept: Peter Schmidt Group GmbH, Hamburg
Gestaltung und Satz: Atelier Krohmer, Dettingen/Erms
Produktion: Eva Schmidt / Andrea Hehn
Druck und Bindung: Print Consult GmbH, München
Printed in Printed in Slovakia / Imprimé en Slovaquie

FSC www.fsc.org MIX Paper from responsible sources FSC® C084279